한 번만 읽으면 확 잡히는
# 고등화학

# 한 번만 읽으면 확 잡히는
# 고등화학

**배준우** 지음  **이현지** 그림

한ㄱ

여러분이 과학이라는 학문을 배운 지 벌써 몇 년이 되었을 것입니다. 초등학교, 중학교 때 배운 여러 가지 과학의 지식들… 하지만 과학이라는 학문을 정말 재미있고 즐겁게 배웠느냐고 묻는다면 "그렇다"라고 대답할 수 있는 사람이 과연 얼마나 될까요?

사실 과학은 재미있어야 하고, 즐겁게 공부해야 합니다. 과학 과목 중에서도 화학은 특히 더욱 그런 과목이 되어야 한다고 생각합니다. 화학이라는 과목이 내용은 조금 어렵지만 쉽게 이해할 수만 있다면 정말 재미있는 과목이기 때문이죠. 이에 저는 '어떻게 하면 더욱 쉽고 재미있게 화학을 공부할 수 있을까?' 고민하다《한 번만 읽으면 확 잡히는 고등 화학》을 출간하게 되었습니다. 단순하게 암기하고 시험 기간에만 공부하는 과목이 아닌, 편안하고 즐겁게 읽을 수 있는 화학 지침서가 될 것이라 확신합니다.

그러면 이 책에서는 어떤 내용을 다루고 있을까요? 이 책은 현재 고등학교 2학년 과정에 해당하는 '화학 I'을 중점으로 다루고 있어요. 하지만 중학교 3학년이나 고등학교 1학년 학생이라도 충분히 내용을 이해할 수 있도록, 쉽고 재미있게 화학을 공부하는 방법을 제시하였습니다.

이 책의 구성은 크게 네 개의 단원으로 되어 있습니다. '화학의 첫걸음·원자의 세계·화학 결합과 분자의 세계·역동적인 화학 반응'의 순이죠. 책의 구성은 먼저 생활 속에서 일어나는 예를 통하여 내용을 제시한 후 이론적인 내용이 나옵니다. 그 뒤로는 핵심 내용을 정리하고 간단한 문제나 수능 문제를 제시하여 문제 경향을 알도록 했습니다. 아울러 편하게 읽는 '읽을거리'를 마지막에 제시하여 책을 읽는 것으로 화학을 이해하도록 구성했습니다. 《한 번만 읽으면 확 잡히는 고등 화학》을 통하여 고등학교 화학 I의 모든 부분을 좀 더 쉽고 재미있게 읽는 것만으로도 이해할 수 있을 겁니다.

여러분, 화학이 어렵다고 생각해요? 이 책을 천천히 한번 읽어 보세요. 누구나 신나는 재미있는 화학을 경험하게 될 것입니다. 자, 이제 화학의 세계로 들어가 볼까요?

배준우

## 차 례

# Part 1. 화학의 첫걸음

### Chapter 1. 화학과 우리 생활

화학과 우리 생활 011 | 탄소 화합물의 유용성 018

### Chapter 2. 물질의 양과 화학 반응식

화학식량과 몰 031 | 화학 반응식 038 | 용액의 농도 043

# Part 2. 원자의 세계

### Chapter 3. 원자의 구조

원자의 구성 입자 059 | 원자 모형의 변천 071 | 현대 원자 모형의 전자 배치 081

### Chapter 4. 원소의 주기적 성질

원소의 분류와 주기율표 101 | 원소의 주기적 성질 107

# Part 3. 화학 결합과 분자의 세계

### Chapter 5. 화학 결합

화학 결합의 성질 127 | 이온 결합 133 | 공유 결합 142 | 금속 결합 149

### Chapter 6. 분자의 구조와 성질

전기음성도와 결합의 극성 161 | 분자의 구조 168 | 분자의 성질 180

# Part 4. 역동적인 화학 반응

### Chapter 7. 화학 반응에서 동적 평형

가역 반응 193 | 동적 평형 196

### Chapter 8. 산과 염기의 중화 반응

산과 염기 205 | 물의 자동 이온화와 pH 217 | 중화 반응 225

### Chapter 9. 산화와 환원 반응

산화와 환원 반응 243 | 화학 반응과 열 259

# 화학과 우리 생활

## 3교시 세계사 시간

•

"인류는 산업 혁명 이후 급격한 인구의 증가를 겪게 됩니다. 천연 비료에 의존하던 농업이 큰 어려움에 직면했고 식량 부족의 위기를 겪게 되었죠. 이 위기를 극복하게 해 준 게 바로 질소 비료입니다."

인류에게 이렇게 많은 도움을 준 화학이란 대체 무엇일까요? 앞으로 우리는 화학의 기초가 되는 탄소 화합물, 화학식량과 몰, 화학 반응식과 양적 관계, 용액의 농도에 대해서 차례대로 공부할 예정입니다. 생활 곳곳에 숨어 있는 화학을 알아보고, 그것들이 우리 생활에 어떤 영향을 주었는지 사례들을 중심으로 하나씩 살펴보기로 해요.

자, 이제 화학의 세계로 출발해 볼까요?

# 화학과 우리 생활

## 식량 문제의 해결

**공기에서 빵을 만든다?**
"아프리카에는 제대로 먹지도 못하는 어린이들이 많다는 뉴스를 보고 너무 안타까웠어요. 무엇보다 필요한 건 식량 생산량을 늘리는 거라는 이야기를 들었죠."
이 뉴스를 보고 난 후 승한이는 궁금한 점이 생겼어요.

식량 생산을 늘리는 데 과연 무엇이 필요할까? 가장 쉬운 방법은 질소 비료의 사용이라고 하는데, 그렇다면 이 질소 비료는 대체 언제부터 지구상에 등장하게 되었을까?

여러분은 공기의 주성분이 무엇인지 알고 있나요? 공기에는 여러 가지 성분이 들어 있지만, 그 중에서 가장 높은 비율을 차지하는 원소는 질소($N_2$)와 산소($O_2$)입니다. 그 중에서 질소는 생명체의 단백질을 구성하는 아주 중요한 원소죠. 대부분의 생명체들은 질소를 직접 이용하지 못해 반드시 외부에서 얻어야 합니다. 식량 증산에 질소가 중요한 이유는 바로 암모니아($NH_3$)로부터 생성되는 **질소 비료** 때문이에요.

과거에는 동물의 분뇨나 퇴비 등에서 암모니아를 얻어야 했기에 비용이 많이 들고 대량 생산이 어려웠습니다. 하지만 20세기 초 화학자인 하버와 보슈가 하버-보슈법을 완성하였고, 이를 통해 공기 중에 있는 질소와 수소를 반응시켜 암모니아로 합성할 수 있게 되었어요. 그 결과 암모니아를 대량 생산할 수 있게 되었고, 비료를 싼값에 공급함으로써 인류의 식량 부족 문제를 해결하는 데 크게 기여하였습니다.

다음은 질소와 수소가 반응하여 암모니아가 만들어지는 과정을 나타낸 반응식이에요.

$$N_2 + 3H_2 \longrightarrow 2NH_3$$

암모니아는 인류에게 꼭 필요한 질소 비료를 생산하는 원료로써 중요한 역할을 하고 있습니다. 화학의 발전은 이뿐만 아니라 살충제와 제초제의 개발로도 이어져 해충과 잡초로 인한 피해를 줄이고 식량의 질을 향상시켜 생산량 증대에 더 크게 기여할 수 있었답니다.

# 의류 문제의 해결

**석유에서 옷감을 만든다?**

"어부들이 물고기를 잡고 난 후 바다에 버린 그물이나 밧줄이 환경을 오염시키고 물고기들의 생존에 악영향을 준다는 사실을 알려주는 TV 프로그램을 봤어요. 무엇보다 그물이나 밧줄은 나일론으로 만들어져서 질기고 잘 썩지도 않는다고 해요."

이 프로그램을 본 이후 진우는 궁금한 점이 생겼어요.

나일론은 옷감을 만들 때 사용하는 거 아닌가? 왜 이게 그물이나 밧줄을 만드는 데 사용될까? 도대체 나일론이라는 물질은 어떤 특성을 가지고 있기에 이렇게 많은 곳에 이용되는 걸까?

인류에게 필요한 옷은 주로 자연에 있는 식물에서 얻은 면이나 마, 혹은 동물에서 얻은 비단(실크) 등의 천연 섬유가 대부분이었습니다. 이러한 천연 섬유의 경우 강도가 약하고 생산에 많은 시간이 들기에 대량으로 생산하기에는 어려운 점이 많았죠. 날씨와 같은 외부적인 요인으로 인해 생산량이 급격히 줄어들어 큰 문제가 생기는 일도 있었습니다.

하지만 화학자들의 노력 덕분에 석유나 천연가스 같은 화석 연료에서 대량 생산이 쉬운 합성 섬유가 개발되었고, 이는 우리의 생활에 큰 변화를 주게 되었지요. 가장 대표적인 섬유는 나일론, 폴리에스터, 폴리아크릴입니다.

먼저 나일론은 1935년 미국의 월리스 캐러더스가 개발한 최초의 합성 섬유로, 매우 질기고 유연하며 내구성과 신축성이 좋다는 장점을 가지고 있습니다. 다만 흡수성이 낮아 땀을 잘 흡수하지 못하고, 정전기가 잘 발생하며 열에 약하다는 단점이 있지요. 이러한 성질을 이용하여 스타킹, 밧줄, 운동복, 그물, 칫솔 등의 재료로 이용되고 있습니다.

폴리에스터는 1941년 영국에서 윈필드와 딕슨에 의해 개발되었습니다. 다른 섬유보다 강하고 탄성이 좋아서 잘 구겨지지 않으며, 흡습성이 약해 빨리 마르는 성질을 가지고 있지요. 이러한 성질을 이용하여 와이셔츠, 양복, 사진 필름 등을 만드는 데 사용합니다.

폴리아크릴을 원료로 하여 만드는 대표적인 합성 섬유는 아크릴입니다. 보온성이 있어 모포, 카펫 등을 만드는 데 쓰기도 하고, 열에 강하여 소방복이나 방화복 등을 제작할 때 사용하기도 하지요.

화학의 발전과 함께 다양한 기능성 의류와 신소재 섬유 등이 개발되고 있어, 인류의 의류 문제를 해결하는 데 큰 역할을 하고 있답니다.

# 주거 문제의 해결

화학으로 집을 짓는다?

"어느 날 뉴스에서 아주 오래된 사찰에 큰 화재가 났다는 걸 봤어요.
나무로 지어진 곳이라 복원하는 데 오랜 시간이 걸린다는 걸 보고
너무 안타까운 생각이 들었죠. 만약 나무가 아니라 현대의 건축 기술
이나 재료가 들어간 사찰이라면 어땠을까 하는 생각이 들더라구요."
이 프로그램을 보고 난 후 현우에게는 궁금한 점이 생겼어요.

우리가 다양한 건축물을 지을 때 사용하는 건축 재료들에는 무엇이
있을까? 최근에는 100층이 넘는 초대형 건축물도 전 세계에 지어지
고 있는데 말이야!

아주 오래 전에는 건물을 지을 때 주로 나무, 돌, 흙과 같이 주변에
서 얻을 수 있는 재료로 지었어요. 그러다 보니 시간도 오래 걸리고
대규모의 건축이 어려웠지요. 아울러 산업 혁명 이후 증가한 인구 때
문에 살 수 있는 주거 공간이 부족해지면서 문제가 더욱 커지게 되었
습니다.

하지만 화학의 발달로 건축 재료들이 바뀌기 시작하면서부터는
주택, 도로, 건물 등의 대규모 건축이 가능해졌죠. 이런 변화를 가져
온 건축 재료들은 시멘트, 콘크리트, 철근 콘크리트, 유리, 스타이로
폼 등입니다.

시멘트는 석회석($CaCO_3$)을 가열하여 생석회($CaO$)를 만든 후에

점토를 섞어서 만든 재료이며, 콘크리트는 모래와 자갈 등에 시멘트를 섞어서 강도를 높인 재료죠. 철근 콘크리트는 안에 철근을 넣어서 강도를 높인 재료로, 주로 높은 건물이나 교량 등을 건축할 때 이용합니다. 유리는 모래에 포함된 이산화규소($SiO_2$)에 열을 가하여 만들며, 건물의 외벽이나 창 등에 사용돼요. 스타이로폼은 단열재로써, 건물 내부의 열이 밖으로 빠져나가지 않도록 막아 주기 때문에 추운 겨울철에 꼭 필요한 재료입니다.

아울러 최근에는 화학의 발전과 함께 열과 추위에 더욱 강하고 성능이 아주 뛰어난 단열재, 외장재, 바닥재 등이 개발되어, 인류의 주거 생활을 더욱 편안하게 해 주고 있답니다.

- **식량 문제의 해결**

    농업 생산성을 높이기 위해서는 질소 비료가 필요했는데, 과거에는 그 양이 많이 부족했어요. 하지만 하버-보슈법의 등장으로 암모니아를 대량으로 합성하는 방법이 발견되었고, 이는 비료 생산량 증가에 크게 기여했어요.

- **의류 문제의 해결**

    천연 섬유의 경우 주변의 환경에 따라 대량으로 생산하는 게 어려웠어요. 하지만 석유를 이용한 합성 섬유가 개발되며 나일론, 폴리에스터, 아크릴 등이 등장하였고, 이를 통해 인류의 의류 문제를 해결할 수 있었죠.

- **주거 문제의 해결**

    천연 재료로 건축을 지을 경우 시간도 오래 걸리고 대량 생산하는 게 어려웠어요. 하지만 화학의 발전으로 시멘트, 콘크리트, 철근 콘크리트, 유리, 스타이로폼 등의 재료가 등장하여 이러한 문제를 해결했지요.

# 탄소 화합물의 유용성

## 탄화수소와 탄소 화합물

탄소, 넌 도대체 뭐니?

"어느 날 TV에서, 조만간 휘어지는 액정이 개발되어 사람의 팔에 착용하는 휴대 전화가 출시될 거라는 소식을 봤어요. 탄소가 이걸 가능하게 했다죠?"

이 소식을 듣고 종서는 문득 궁금한 점이 생겼어요.

어떻게 탄소를 이용하여 휘어지는 액정을 만들까? 도대체 탄소는 어떤 성질을 가지고 있기에 휘어지는 액정을 만드는 게 가능할까? 탄소에는 과연 어떤 비밀이 있을까?

여러분! 혹시 원자 번호 6번인 탄소(C)가 어떤 특징을 가지고 있는지 알고 있나요? 탄소는 최대 4개의 서로 다른 원소와 결합할 수 있어 **단일 결합, 2중 결합, 3중 결합, 사슬 모양, 고리 모양** 등 다양한 형태의 탄소 화합물을 만들 수 있어요.

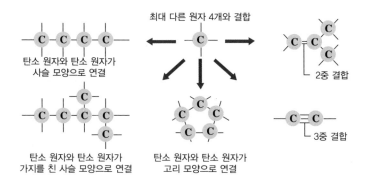

탄소의 결합으로 만들어지는 예

또 탄소는 2주기 원소로, 다른 원소에 비해 크기가 작다 보니 결합 길이가 짧아서 안정된 탄소(C)-탄소(C) 결합이 가능해요. 이 때문에 탄소 사이에 긴 사슬을 형성할 수 있는 특징을 가지게 되었죠. 이러한 특징으로 인하여 구성 원소의 종류가 많지 않아도 다양한 결합이 가능하게 되어 그 수가 셀 수 없이 많아요. 아래는 탄소의 긴 사슬 모양 구조를 나타낸 그림입니다.

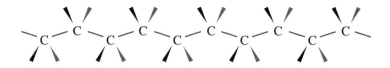

보통 탄소로 만들어지는 화합물을 탄소 화합물이라고 해요. **탄소 화합물**이란 탄소를 기본 골격으로 하여 수소(H), 산소(O), 질소(N),

황(S), 인(P) 등이 공유 결합하여 만들어지는 화합물을 말하죠. 대표적인 예로는 DNA, 아미노산, 화석 연료, 의약품 등이 있습니다.

또 탄소(C)와 수소(H)로만 이루어진 화합물을 **탄화수소**라고 하는데, 주로 기체와 액체 상태로 이루어져 있어요. 일반적인 탄화수소는 대부분 극성이 없는 무극성 물질로 물에 녹지 않는 성질을 가지고 있고, 분자 상태로 존재하며, 분자 사이의 인력이 약해 낮은 녹는점과 끓는점을 가지고 있습니다. 주로 연료로 사용되는 경우가 많고 완전 연소되면 이산화탄소($CO_2$)와 물($H_2O$)을 만들어요.

이처럼 탄소는 다른 원소들과 다르게 결합할 수 있는 경우의 수가 많아 다양한 화합물을 만들 수 있으며, 이 중에서 가장 대표적인 탄화수소는 자세하게 알고 있어야 하는 화합물입니다. 탄소는 참으로 특이한 원소라는 걸 잘 기억하세요.

## 탄화수소와 탄소 화합물의 다양한 종류

**탄화수소와 탄소 화합물의 다양한 친구들!**
"어느 영화에서 복제 인간이 등장하여 혼란을 주는 장면이 나왔어요. 특히 마지막에 주인공과 복제 인간이 서로 싸우는 장면은 정말 손에 땀이 날 정도였죠. 그 영화처럼 언젠가는 과학이 발달하여 이런 복제 인간이 등장할 수도 있겠다는 생각을 했어요."

영화를 보고 난 후 용석이는 문득 궁금한 점이 생겼어요.
우리가 공부하는 탄소 화합물에도 복제 인간처럼, 비슷하지만 다른
게 있지 않을까? 탄소 화합물에는 그 종류가 정말 많다고 공부했으
니까….

탄소 화합물에는 여러 종류가 있습니다. 대표적으로 알케인, 알코
올, 카복실산, 알데하이드, 케톤 등이 있지요. 지금부터 하나씩 살펴
보고 분자 구조도 알아보도록 합시다.

첫 번째는 **알케인**(alkane)입니다. 알케인이란 탄소 원자와 탄소
원자 사이가 모두 단일 결합으로 이루어진 탄화수소를 말해요. 알케
인의 일반식은 $C_nH_{2n+2}$(n=1,2,3…)로 n이 1이면 메테인($CH_4$), 2면
에테인($C_2H_6$), 3이면 프로페인($C_3H_8$)이 됩니다. 아래 그림은 알케인
의 분자 모형과 분자 구조입니다.

| 메테인 | 에테인 | 프로페인 |

알케인의 이름은 탄소수의 물질명에 어미인 '에인(ane)'을 붙인 거예요. 메테인은 탄소 원자 1개와 수소 원자 4개가 결합하여 정사면체 구조를 이루고 109.5°의 결합각으로 이루어진 입체 구조입니다. 에테인과 프로페인은 사면체형의 입체 구조이며 모두 109.5°에 가까운 결합각으로 이루어져 있어요.

두 번째로 **알코올**(ROH)은 탄화수소의 수소 원자가 하이드록시기(-OH)로 치환된 화합물을 말합니다. 알코올의 일반식은 ROH인데, 여기서 R은 알킬기를 말해요. 알킬기란 알케인에서 1개의 수소 원자가 떨어져 나간 $C_nH_{2n+1}$-이며, n이 1이면 메틸기($CH_3$-)이고 2면 에틸기($C_2H_5$-)지요. 알코올은 한 분자에 포함된 하이드록시기의 수에 따라 1가, 2가, 3가 알코올로 분류합니다. 그림은 히드록시기(-OH)의 수에 따른 알코올의 분류를 나타냈어요.

```
    H  H                   H  H                   H  H  H
    |  |                   |  |                   |  |  |
H - C - C - O          H - C - C - H          H - C - C - C - H
    |  |  |               |  |                   |  |  |
    H  H  H               H - O  O - H          H - O  |  O - H
                                                       O - H
```

에탄올                     에틸렌글리콜                 글리세롤

가장 대표적인 알코올은 2개의 탄소 원자를 포함하고 있는 에탄올($C_2H_5OH$)이며 주로 녹말이나 설탕을 발효시켜 생성합니다. 무색에 특유의 냄새가 나고 실온에서 액체 상태로 존재하며 휘발성이 강해

불이 잘 붙지요. 주로 화학 약품이나 술의 재료로 사용되며, 병원에서 상처 부위를 소독하는 소독용 알코올로도 사용합니다.

세 번째로 **카복실산**(R-COOH)은 탄화수소의 탄소 원자에 카복실기(-COOH)가 결합된 화합물이며, 탄소수가 같은 알케인의 이름 뒤에 '-산'을 붙여 명명합니다. 카복실산은 대부분 물에 잘 녹고, 물에 녹으면 수소 이온($H^+$)을 내놓으므로 액성은 약한 산성을 나타내지요. 다음은 카복실산에서 수소 이온을 내어 산성을 나타내는 반응식입니다.

$$RCOOH \rightarrow RCOO^- + H^+$$

대표적인 카복실산은 아세트산($CH_3COOH$)으로, 녹는점이 17℃로 낮아 겨울철에는 고체로 존재합니다. 빙초산으로도 불리는데, 요리할 때 많이 사용하는 식초는 보통 3~4%의 아세트산 수용액을 말하지요. 아세트산은 주로 합성수지, 의약품, 염료 등의 원료로 사용합니다.

마지막으로 **알데하이드**(R-CHO)와 **케톤**(R-CO-R′)이 있습니다. 알데하이드는 탄화수소의 탄소 원자에 포르밀기(-CHO)가 결합된 화합물이에요. 대표적인 알데하이드인 폼알데하이드(HCHO)를 물에 녹여 30~40% 수용액으로 만들면 포르말린이라 부르는데, 주로 방부제로 사용합니다. 요소 수지나 페놀 수지 등의 합성 수지의 원료로 사용하거나 플라스틱이나 가구용 접착제의 원료로도 사용하죠.

케톤은 작용기인 카르보닐기(-CO-)에 알킬기가 연결된 화합물이에요. 대표적인 케톤으로는 아세톤($CH_3COCH_3$)이 있는데, 휘발성 액체로 물과 알코올뿐만 아니라 무극성인 벤젠도 잘 녹일 수 있어 유기 용매로 널리 사용됩니다. 그 밖에도 공업적으로 고무나 수지를 녹이는 유기 용매로 많이 사용하고, 생활 속에서는 매니큐어를 지우는 용매로도 사용하고 있지요. 아래는 탄화수소의 종류에 따른 구조식입니다.

```
   H  O                 O                   O
   |  //                ||                  ||
H-C-C                   C                   C
   |  \                / \                 / \
   H  O-H             H   H             H₃C  CH₃
```

아세트산        폼알데하이드        아세톤

• **탄화수소와 탄소 화합물**

탄소(C)는 1개의 탄소가 최대 4개의 서로 다른 원소와 결합할 수 있어 단일 결합, 2중 결합, 3중 결합, 사슬 모양, 고리 모양 등 다양한 형태의 탄소 화합물을 만들 수 있어요. 탄소 화합물이란 탄소(C)를 기본 골격으로 하여 수소(H), 산소(O), 질소(N), 황(S), 인(P) 등과 공유 결합을 하여 만들어지는 화합물을 말하죠. 탄소 화합물 중에서 탄소(C)와 수소(H)로만 이루어진 화합물을 탄화수소라고 해요.

• **탄화수소와 탄소 화합물의 다양한 종류**

탄화수소의 예로는 알케인이 있는데 탄소의 수에 따라서 메테인, 에테인, 프로페인 등이 존재하죠. 탄소 화합물의 예로는 알코올, 카복실산, 알데하이드, 케톤이 있어요. 알코올은 대표적으로 에탄올($C_2H_5OH$), 카복실산의 대표에는 아세트산($CH_3COOH$), 알데하이드의 대표에는 폼알데하이드($HCHO$), 케톤의 대표로는 아세톤($CH_3COCH_3$)이 있어요.

01 다음은 암모니아($NH_3$) 합성과 관련된 내용이다.

> 산업 혁명 이후 인구의 증가로 식량이 부족하게 되었다. 이로 인하여 질소 비료의 사용량이 늘어나게 되었는데, 당시의 기술로는 동물의 퇴비와 분뇨에서 얻는 방법밖에 없었다. 그 때문에 질소 비료의 양이 절대적으로 부족하였다. 20세기 초 하버는 공기 중의 질소 기체와 수소 기체를 이용하여 암모니아를 대량 생산하는 기술을 개발하였다.

이에 대한 설명으로 옳은 것을 〈보기〉 중에서 있는 대로 고른 것은?

─〈보기〉─
ㄱ. 질소는 공기 중에서 아주 반응성이 큰 기체라는 걸 알 수 있다.
ㄴ. 암모니아의 합성 과정에서는 화학적 반응이 일어난다.
ㄷ. 암모니아의 대량 생산으로 인류의 식량 증산에 기여하였다.

① ㄱ　　② ㄴ　　③ ㄱ, ㄴ　　④ ㄴ, ㄷ　　⑤ ㄱ, ㄴ, ㄷ

02 다음 그림은 분자 (가)~(다)의 구조를 모형으로 나타낸 것으로, 각각 메테인, 에탄올, 아세트산 중 하나이다.

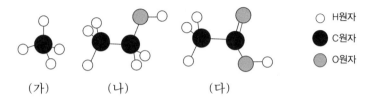

○ H원자
● C원자
◐ O원자

(가)　　　　(나)　　　　(다)

(가)~(다)에 대한 설명으로 옳은 것만을 〈보기〉에서 있는 대로 고른 것은?

─〈보기〉─

ㄱ. (나)는 소독용 의약품으로 사용된다.

ㄴ. (다)를 물에 녹인 수용액의 액성은 산성이다.

ㄷ. 탄화수소는 1가지이다.

① ㄱ     ② ㄷ     ③ ㄱ, ㄴ     ④ ㄴ, ㄷ     ⑤ ㄱ, ㄴ, ㄷ

• 정답 및 해설 •

**1. 위에서 주어진 설명을 바르게 해석하고 있는 것을 고르면 됩니다.**

ㄱ. 질소 기체는 공기 중에서 반응성이 작은 기체 중의 하나입니다. 하지만 위에서 주어진 내용으로는 그 여부를 알 수 없습니다. **따라서 틀린 보기입니다.**

ㄴ. 암모니아는 질소 기체와 수소 기체가 화학 반응을 하여 만들어집니다. 반응물과 생성물이 전혀 다른 물질이므로 이 반응은 화학 반응이 맞습니다. **따라서 맞는 보기입니다.**

ㄷ. 하버에 의하여 암모니아의 대량 생산이 가능해지면서 질소 비료의 생산량이 늘어났습니다. 이로 인하여 인류의 식량 생산도 함께 늘어났으므로 맞는 설명입니다. **따라서 맞는 보기입니다.**

∴ **정답은 ④입니다.**

2. 탄소 화합물의 구조와 성질을 이해하고 문제를 풉니다.

(가)~(다)의 탄소 화합물을 분석하면, (가)는 메테인($CH_4$), (나)는 에탄올($C_2H_5OH$), (다)는 아세트산($CH_3COOH$)이라는 것을 확인할 수 있습니다.

ㄱ. (나)는 에탄올($C_2H_5OH$)이며, 소독용 의약품으로 사용됩니다. **따라서 맞는 보기입니다.**

ㄴ. 아세트산은 물에 녹아 이온화되어 수소 이온을 내놓으므로 수용액의 액성은 산성입니다. **따라서 맞는 보기입니다.**

ㄷ. C와 H로만 이루어진 탄화수소는 (가) 1가지입니다. **따라서 맞는 보기입니다.**

∴ 정답은 ⑤입니다.

# 물질의 양과
# 화학 반응식

## 6교시 국어 시간

•

"국어 교과서에 등장하는 어느 소설에는 주인공이 장터에서 다양한 물건을 사는 이야기가 나옵니다. 김 한 톳, 마른 오징어 한 축, 마늘 한 접…. 이렇게 물건을 세는 단위는 다양합니다. 그렇다면 큰 물건들과 달리 원자와 분자 같이 아주 작은 입자를 세는 단위는 무엇일까요?"

화합물은 원자량, 분자량, 화학식량으로 나타내며 '몰'이라는 개념을 통하여 아주 작은 단위인 원자나 분자나 이온을 셉니다. 또한 화학 반응식의 표시는 기호와 식을 사용하여 하나의 약속처럼 표현하는 게 일반적이죠. 또한, 용액의 농도를 나타내는 퍼센트 농도(%)와 몰 농도(M)를 통하여 용액 속에 들어 있는 정확한 용질의 양을 측정할 수도 있어요.

그럼 이번 챕터에서는 몰, 화학 반응식, 농도를 이용하여 물질의 양을 측정하고 그 의미들을 배워보기로 할까요?

# 화학식량과 몰

## 원자량, 분자량, 화학식량이란?

### 원자의 몸무게는 얼마?

"어느 방송 프로그램에 다이어트를 가장 많이 한 사람들이 등장하는 장면이 나왔어요. 가장 많이 감량한 사람은 거의 50kg을 줄였더라구요. 우와! 어떻게 그렇게 많은 체중을 감량할 수 있지?"

방송을 보고 난 후 종현이는 궁금한 점이 생겼어요.

사람의 몸무게는 쉽게 측정할 수 있지. 그런데 우리 눈에 보이지도 않는 원자들은 어떻게 질량을 측정하지? 그렇게 작은 저울을 만들 수도 없을 텐데… 정말 궁금하네.

여러분은 원자, 분자, 화합물의 질량을 어떻게 측정하는지 알고 있나요? 먼저 원자의 질량부터 하나씩 살펴보기로 합시다. 실제 원자의 크기는 너무나도 작아서 원래 질량을 사용한다면 측정하기가 참 불편합니다. 우리가 흔히 알고 있는 원자인 수소의 경우 1개의 실제 질량은 $1.67 \times 10^{-24}$g이고, 산소의 질량은 $2.66 \times 10^{-23}$g이에요. 따라서 실제 질량을 사용한다면 너무 작아서 정말 불편할 겁니다.

결국 과학자들은 특정 원자를 기준으로 하여 다른 원자들의 상대적인 값을 나타내는 방법을 정했는데, 이때 사용된 원자가 바로 **탄소(C)**입니다. 현재는 탄소를 기준으로 하여 그 질량을 12.00으로 정하고 다른 원자들의 값을 정했는데, 이것을 **원자량**이라고 불러요. 원자량은 직접 측정하여 정한 값이 아니라 비교하여 정한 값이므로 **단위가 없다**는 사실을 기억해야 합니다.

아울러 원자량은 동위원소의 존재로 인하여 평균값을 사용합니다. 동위원소란 양성자수는 같지만 중성자수가 달라서 생성되는 원소로, 대부분의 원소들은 동위원소가 존재하죠. 예를 들어 탄소의 경우도 원자량이 12.00인 원소가 98.93%이고, 13.00인 원소가 1.07%로 존재하여 평균 원자량이 12.011이 됩니다.

두 번째로 **분자량**에 대하여 알아봅시다. 분자량이란 분자를 구성하는 원자들의 원자량을 모두 합한 값이므로 원자량과 마찬가지로 단위가 없어요. 예를 들어 물($H_2O$)의 분자량은 수소 2개의 원자량 2에 산소 1개의 원자량 16을 전부 더한 18이 됩니다.

세 번째로 **화학식량**에 대하여 알아봅시다. 화학식량이란 화학식을 이루는 원자들의 원자량을 모두 더한 값을 말해요. 여기에서 말하는 화학식을 이루는 화합물들은 주로 염화나트륨(NaCl)처럼 금속 양이온과 비금속 음이온으로 이루어진 이온 결합 물질이 대표적입니다. 염화나트륨의 화학식량을 구해보면 나트륨의 원자량이 23이고 염소의 원자량이 35.5이므로 58.5가 되지요. 또한, 화학식량도 원자량, 분자량과 마찬가지로 단위가 없다는 사실에 유의하세요.

원자량, 분자량, 화학식량은 우리가 많이 사용하는 단위이며 공통적인 특징을 가지고 있다는 걸 기억해 두면 좋아요.


## 몰이란?

**몰이 뭐야?**

"어떤 달인이 눈을 가리고 물건의 개수를 알아맞히는 프로그램을 봤어요. 우와, 어떻게 보이지도 않는데 그 수를 정확하게 맞히는 걸까요?"

방송 프로그램을 보고 난 후 한세는 궁금한 점이 생겼어요.

달인은 그래도 크기가 제법 큰 물체를 맞힌 거잖아. 그런데 아주 작은 원자의 경우는 어떻게 숫자를 셀까? 만약 달인이라면 맞힐 수 있을까?

여러분은 원자, 분자, 이온을 세는 방법이 무엇인지 알고 있나요? 우리 주변에 있는 물건들은 세는 방법이 정해져 있습니다. 예를 들어 연필의 경우 12자루를 한 '다스'라고 하고, 달걀 30개를 한 '판'이라고 하고, 배추 100포기를 한 '접'이라고 하죠. 이렇게 물건에 따라 이름의 세는 단위가 다릅니다. 그렇다면 아주 입자가 작은 원자나 분자, 이온을 세는 단위는 무엇일까요? 그건 바로 몰이라는 묶음 단위예요.

보통 1몰은 $6.02 \times 10^{23}$개의 입자를 의미하며 이 수를 **아보가드로 수**라고 부릅니다. 예를 들면 원자의 경우 탄소(C) 1몰은 $6.02 \times 10^{23}$개이고, 수소(H) 1몰의 경우도 $6.02 \times 10^{23}$개이지요. 분자의 경우 물($H_2O$) 1몰은 $6.02 \times 10^{23}$개이고, 이산화탄소($CO_2$) 1몰도 $6.02 \times 10^{23}$개입니다. 이온에 적용해도 마찬가지인데 나트륨이온($Na^+$) 1몰은 $6.02 \times 10^{23}$개이고, 염화이온($Cl^-$) 1몰도 $6.02 \times 10^{23}$개가 되지요.

하지만 유의할 부분은 화합물입니다. 예를 들어 이산화탄소($CO_2$)의 경우 분자는 1몰이지만 원자는 3몰이 되는데, 원자가 탄소 1개와 산소 2개로 구성되기 때문입니다. 또 몰의 경우 질량으로 표현할 수 있는데, 물질의 화학식량에 g을 붙이면 1몰의 질량이 돼요. 예를 들어 물($H_2O$) 분자 1몰의 질량은 18g인데, 물의 화학식인 18에 g을 붙인 겁니다. 따라서 분자량이 18인 물 분자 $6.02 \times 10^{23}$개의 질량은 18g이 되며, 1몰의 질량은 물질을 구성하는 원자의 종류와 수에 따라 달라지는 겁니다.

기체의 경우에는 액체나 고체의 경우보다 상대적으로 질량이 작아서 부피를 측정하는 방법으로 몰을 표시합니다. 기체 1몰을 표시할 때 정해진 규칙은 온도 0℃, 압력 1기압으로 **표준 상태**라는 용어를 사용해요. 이때 기체의 부피는 22.4L인데, 이 수치는 정해진 겁니다. 결국 기체 1몰의 부피는 0℃, 1기압에서 22.4L이고, 그 안에 6.02×$10^{23}$개의 분자가 들어 있으며, 이는 기체의 종류와 관계없이 일정합니다. 이렇게 몰은 일정하게 정해진 규칙이 있으며 우리는 이에 따라 입자들을 세고 있답니다.

• **원자량이란?**

원자량은 탄소를 기준으로 하여 그 질량을 12.00으로 정한 뒤, 다른 원자들의 값을 정한 것을 말해요. 그리고 원자량은 측정하여 정한 값이 아니라 비교를 하여 정한 값이므로 단위가 없다는 사실을 기억하세요.

• **분자량이란?**

분자량은 분자를 구성하는 원자들의 원자량을 모두 합한 값이에요. 따라서 원자량과 마찬가지로 단위가 없지요. 원자량을 알 경우, 전부 더하면 분자량을 구할 수 있어요.

• **화학식량이란?**

화학식량은 화학식을 이루는 원자들의 원자량을 모두 더한 값을 말해요. 아울러 화학식량을 쓰는 경우는 염화나트륨과 같이 분자가 없는 물질들이 주로 사용되지요.

• **몰이란?**

몰은 아주 입자가 작은 원자나 분자, 이온을 세는 단위로 사용해요. 보통 1몰은 $6.02 \times 10^{23}$개의 입자를 의미하며 이 수를 아보가드로수라고 부르지요. 몰을 질량으로 표시하는 경우에는 물질의 분자량이나 화학식량에 g을 붙여서 사용해요. 기체의 경우는 몰을 부피로 표시하는데, 표준 상태(0℃, 1기압)에서 22.4L로 정하고 이 값이 기체 1몰이 돼요.

# 화학 반응식

## 화학 반응식의 표시

**화학 반응식은 어떻게 표시할까?**

퍼즐 맞추기를 좋아하는 정훈이는 입체 퍼즐을 맞추려고 했어요. 그런데 생각보다 어려운지 계속 고민 중입니다. 이때 친구인 태용이가 이런 말을 했어요. "야, 퍼즐은 하나의 규칙이 있어. 그 규칙을 찾아봐."

정말 조언대로 규칙을 연구한 후 맞추니 쉽게 맞았지요. 하지만 순간 궁금한 게 생겼어요.

규칙이 있는 퍼즐처럼 화학 반응도 쉽게 나타내는 방법이 있을까? 그 규칙만 안다면 순서대로 하면 되는데… 그것은 무엇일까?

여러분은 화학 반응을 나타내는 방법을 알고 있나요? 화학 반응은 **화학 반응식**으로 나타내는데, 화학식과 기호를 사용해요. 화살표

(→)를 경계로 왼쪽에 반응물, 오른쪽에 생성물을 표시하는 게 가장 기본이죠. 자, 그럼 지금부터 화학 반응을 나타내는 방법을 순서대로 살펴볼까요?

첫 번째는 반응물과 생성물을 화학 반응식으로 나타내는 방법입니다. 두 번째는 화살표(→)를 기준으로 왼쪽에는 반응물의 화학식을 쓰고, 오른쪽에는 생성물의 화학식을 쓰는 거예요. 이때 유의할 점은 반응물이나 생성물이 두 가지 이상이면 '+'로 연결한다는 거죠. 세 번째는 반응물과 생성물에 있는 원자의 종류와 총수가 같도록 반응식의 계수를 맞춥니다. 여기에서 유의해야 할 점은, 계수는 가장 간단한 정수비로 나타내야 하며 1인 경우에는 생략한다는 겁니다. 마지막으로 물질의 상태를 표시합니다. 괄호를 그리고 그 안에 기호를 써서 표시하는데 고체는 s, 액체는 l, 기체는 g, 수용액은 aq입니다. 이렇게 하여 완성된 화학 반응식으로 프로페인($C_3H_8$)의 연소반응을 써 보면 다음과 같지요.

$$C_3H_8(g) + 5O_2(g) \rightarrow 3CO_2(g) + 4H_2O(l)$$

이처럼 화학 반응식을 나타내는 방법에는 순서가 있고, 그 순서에 맞게 써야 한다는 걸 기억하세요.

# 화학 반응식의 양적 관계

너와 난 어떤 관계?
"TV에서 악어와 악어새, 말미잘과 흰동가리 등 서로에게 이익이 되는 공생 관계로 살아가는 동물들의 이야기가 나왔어요. 우와, 정말 동물들도 우리 사람처럼 서로 돕고 사는구나. 그게 어떻게 가능한 걸까…."

이렇게 TV 프로그램을 보고 난 후 준영이는 궁금한 점이 생겼지요. 서로 공생 관계를 하는 동물처럼 화학 반응에서도 서로 영향을 끼치는 것들이 있다고 하는데, 과연 무엇일까?

앞에서 우리는 화학 반응식에 대하여 공부했습니다. 하지만 화학 반응식 속에 숨어 있는 의미를 알고 있나요? 화학 반응식을 보면 반응물과 생성물의 종류와 상태를 알 수 있고, 계수를 통하여 **양적 관계**를 유추해 볼 수도 있습니다. 보통 **계수비=몰수비=분자수비= 부피비**(표준 상태; 0℃, 1기압)의 관계식을 구할 수 있죠.

앞의 관계식을 통해 다양한 방법의 관계를 세울 수 있습니다. 첫 번째는 질량과 질량의 관계예요. 예를 들어 메테인($CH_4$) 8g을 연소할 때 생성되는 이산화탄소($CO_2$)의 질량을 구해봅시다. 먼저 메테인 8g의 몰수를 구하면 1몰일 때 질량이 16g(탄소 12g, 수소 1g×4)이므로 0.5몰이 되지요. 여기에 연소 반응의 화학 반응식을 세우면 다음과 같습니다.

$$CH_4(g) + 2O_2(g) \rightarrow CO_2(g) + 2H_2O(g)$$

위의 화학 반응식을 보면 이산화탄소도 같은 계수비를 가지므로 0.5몰이 생성됩니다. 결국 이산화탄소 0.5몰의 질량을 구하면 되므로 22g(1몰이 44g)이지요. 이렇게 메테인의 질량으로부터 이산화탄소의 질량을 구할 수 있습니다.

두 번째는 질량과 부피와의 관계예요. 예를 들어 앞의 메테인 8g의 연소 반응에서 발생하는 수증기의 부피를 구해봅시다. 표준 상태에서 화학 반응식을 분석해 보면 수증기의 계수가 2배이므로 몰수비도 2배가 되어 1몰의 부피를 구할 수 있어요. 결국 수증기 1몰의 부피는 22.4L이므로 생성되는 수증기의 부피는 22.4L입니다. 이처럼 메테인의 질량으로부터 수증기의 부피를 구할 수 있는 거죠.

세 번째는 부피와 부피와의 관계예요. 메테인의 연소 반응을 예시로 알아보죠. 반응하는 산소의 부피가 표준 상태에서 11.2L 반응한다고 할 때, 이산화탄소 부피를 구해봅시다. 화학 반응식을 분석해 보면 산소의 부피는 0.5몰(1몰=22.4L)인데 계수의 비를 살펴보면 이산화탄소의 계수가 1/2이므로 0.25몰이 생성되지요. 결국 이산화탄소 0.25몰의 부피이므로 5.6L가 됩니다. 따라서 산소의 부피로부터 이산화탄소의 부피를 구할 수 있는 거죠.

이렇게 화학 반응식의 계수를 통하여 반응물과 생성물의 양적 관계를 알 수 있고 이를 응용하여 질량, 부피 등을 구할 수 있답니다.

• 화학 반응식이란?

화학 반응식은 화학식과 기호를 사용하여 화살표(→)를 경계
로 왼쪽에 반응물, 오른쪽에 생성물을 표시해요. 만약 반응물
과 생성물이 두 가지 이상이면 +를 사용하여 연결하면 되는
거예요. 거기에 각 화합물의 상태도 표시하는 게 원칙이지요.

• 화학 반응식의 양적 관계

화학 반응식을 통하여 반응물과 생성물의 종류와 상태를 알
수 있고, 계수를 통하여 다양한 상호 관계를 알 수 있어요. 질
량-질량, 질량-부피, 부피-부피 등을 알아내어 다른 화합물
의 질량과 부피를 구할 수 있으므로 그 양적 관계도 파악할
수 있다는 걸 기억하세요.

# 용액의 농도

## 퍼센트 농도(%)란?

**퍼센트 농도(%)가 뭐야?**

오렌지 주스를 좋아하는 완수는 마트에 갔어요. 진열대에 다양한 종류의 주스들이 있었죠. 우연히 주스 병 라벨에서 오렌지 과즙 10%라 표기된 걸 발견하고 다른 병들을 살펴보다 그 수치가 조금씩 다른 걸 알았어요. 순간 궁금했죠.

우리가 많이 쓰고 있는 단위인 %의 의미는 무엇일까? 10%라면 그 속에 오렌지가 얼마나 들어 있다는 걸까?

여러분은 용액이 무엇인지 알고 있나요? 용액이란 두 종류 이상의 순물질이 균일하게 섞인 혼합물을 말하는데, 가장 쉬운 예가 소금물이에요. 화학적으로 표현하면 염화나트륨 수용액이죠. **용액**은 용질과 용매가 섞인 걸 말하며, 이 중에서 **용질**은 용매에 녹는 물질을,

용매는 다른 물질을 녹이는 물질을 말합니다. 앞에서 이야기한 염화나트륨 수용액의 경우 용매는 물이고 용질은 염화나트륨이 됩니다.

이런 용액의 경우 농도를 아는 게 중요한데 그 이유는 용매와 용질이 섞인 비율에 따라 용액의 성질이 달라지기 때문이죠. 농도를 나타내는 방법 중에서 가장 많이 사용하는 게 바로 **퍼센트 농도**(%)입니다. 이 퍼센트 농도는 전체 용액의 양을 100이라고 가정할 때 용질이 차지하는 양을 나타내요. 일반적으로 퍼센트 농도를 나타내는 방법은 용액 100g에 녹아 있는 용질의 질량(g)으로 표시합니다.

$$\text{퍼센트 농도}(\%) = \frac{\text{용질의 질량}(g)}{\text{용액의 질량}(g)} \times 100$$

예를 들어 20% 염화나트륨 수용액 100g이 있다고 한다면 그 용액 속에는 염화나트륨 20g이 녹아 있다는 걸 알 수 있습니다. 퍼센트 농도는 용액의 질량을 기준으로 한 농도이므로 온도와 압력이 변한다고 해도 농도는 변하지 않는 성질을 가지고 있어요. 또한, 같은 질량의 두 가지 용액에서 퍼센트 농도가 같고 녹아 있는 용질의 질량이 같더라도 용질의 종류에 따라 그 입자수는 다르므로 유의해야 합니다.

결국 퍼센트 농도는 질량을 기준으로 하므로 수용액과 관련된 화학 반응식의 양적 관계에 적용할 때 불편한 점이 생기게 되지요. 화학 반응의 양적 관계는 물질의 입자수와 관련이 있기 때문입니다.

이처럼 우리가 실생활에서 가장 많이 사용하는 퍼센트 농도의 경우 화학 반응에 적용할 때 문제가 있다는 점을 기억해야 한답니다.

## 몰 농도(M)와 용액 만들기

**몰 농도(M)와 용액은?**

어느 날 찬우는 농도와 관련된 책을 읽다가 같은 퍼센트 농도라고 해도 서로 다른 용질의 양이 녹아 있다는 걸 알게 되었어요. 그 이유는 각 용질의 화학식량이 다르기 때문이라고 나와 있었지요.

아, 이게 뭐지? 분명 같은 퍼센트 농도면 같은 용질의 질량인데 왜 용질의 양이 다르다는 걸까? 어떤 농도가 다른 걸까? 아니면 또 다른 이유가 있을까?

여러분은 앞에서 퍼센트 농도(%)를 배우면서 화학 반응의 양적 관계에는 적용하기 어렵다는 사실을 알게 되었습니다. 그 이유는 과연 무엇일까요? 예를 들어 10% 포도당 수용액과 10% 설탕 수용액이 있다고 해 봅시다. 10% 포도당 수용액에는 용액의 질량이 100g, 용매의 질량이 90g, 용질의 질량이 10g이지요. 이를 용질의 양(mol)으로 환산해 보면. 포도당의 분자량은 180이므로 10÷180으로 계산하여 약 0.056mol이 됩니다.

10% 설탕 수용액의 경우 10% 포도당 수용액과 동일하게, 용액의 질량 100g, 용매의 질량 90g, 용질의 질량 10g이 되지요. 하지만 이를 용질의 양으로 환산해 보면 설탕의 분자량은 342이므로 10÷342로 계산하여 약 0.029mol이 됩니다. 따라서 동일한 퍼센트 농도라고 해도 녹아 있는 용질의 양(mol)이 분명 다르다는 걸 확인할 수 있어요.

결국 정확한 화학 반응을 위해서는 퍼센트 농도가 아닌 새로운 농도를 사용해야 합니다. 이러한 이유로 화학에서는 용질의 입자수를 이용한 농도를 사용하는데, 이게 바로 몰 농도(M)예요. 몰 농도의 정의는 용액 1L 속에 녹아 있는 용질의 양 혹은 몰수(mol)로, 단위는 M 또는 mol/L를 사용합니다.

$$몰\ 농도(M) = \frac{용질의\ 몰수(mol)}{용액의\ 부피(L)}$$

이러한 몰 농도는 다음과 같은 특징을 가지고 있어요. 첫째, 용액의 몰 농도가 같으면 용질의 종류와 관계없이 일정한 부피의 용액에 녹아 있는 용질의 입자수는 서로 같습니다. 둘째, 용액의 몰 농도가 같고 부피가 다르면 용액에 녹아 있는 용질의 입자수는 부피에 비례하여 달라집니다. 셋째, 온도가 변하는 경우 용질의 양은 변하지 않지만 용액의 부피가 달라지므로 용액의 몰 농도는 변합니다. 넷째,

용액의 몰 농도와 부피를 안다면 용액에 녹아 있는 용질의 양을 계산으로 구할 수 있습니다. 즉 용질의 양은 용액의 몰 농도(mol/L)×용액의 부피(L)를 이용하지요.

이번에는 0.1M 수산화나트륨 수용액을 만드는 과정을 살펴봅시다. 먼저 수산화나트륨 0.4g을 전자저울로 측정하여 준비한 후 비커에 녹이고, 이를 100mL 부피플라스크에 넣어요. 이 부피플라스크에 70~80mL의 증류수를 넣은 후 마개를 막고 흔들어 완전히 용해시킵니다. 마지막으로 부피플라스크의 100mL 표선까지 증류수를 채워 넣으면 용액이 완성됩니다.

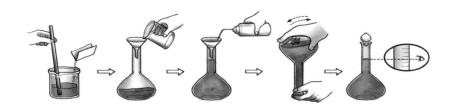

0.1M 수산화나트륨 수용액을 만드는 과정

여기에서 용액을 만들 때 유의할 것이 있습니다. 만약 부피플라스크에 물 1L를 먼저 채운 후 용질을 녹인다면 이 용액도 원래 만들고자 하는 용액의 농도와 같을까요? 결론부터 말하자면 용액의 농도는 달라집니다. 그 이유는 부피플라스크에 물을 먼저 채우면 용질을 녹였을 때 용액의 부피가 1L와 달라질 수 있어서 원하는 몰 농도의 용액이 만들어지지 않기 때문이에요. 따라서 용액을 만들 때는 적은 양의 용매에 용질을 먼저 녹여서 용액을 만든 후에 부피를 맞추는 게 가장 정확한 농도의 용액을 만드는 방법이에요.

그렇다면 원래 진한 용액을 묽히는 방법은 무엇일까요? 용액을 묽힌다고 해도 용액에 녹아 있는 용질의 양(mol)은 변하지 않으므로, 이 사실을 이용하여 묽은 용액의 농도를 구할 수 있습니다. 예를 들어 0.1M 포도당 수용액을 묽혀서 0.01M 포도당 수용액 0.5L를 만든다고 해 봅시다. 먼저 필요한 포도당의 양(mol)을 계산해 보죠. 그러면 0.01M 포도당 수용액 0.5L에 0.005몰의 포도당이 있다는 걸 구할 수 있습니다. 따라서 0.1M 포도당 수용액에서 같은 양(mol)의 포도당을 얻으려면 0.05L의 수용액이 필요하게 되지요. 용액을 묽혀도 용질의 양(mol)은 그대로이므로 0.1M 포도당 수용액 0.05L를 500mL 부피플라스크에 넣고 증류수를 채워 용액의 부피를 0.5L로 맞추면 0.01M 포도당 수용액 0.5L를 만들 수 있습니다.

이처럼 몰 농도의 개념을 잘 이해하면 용액의 농도 변화를 계산하여 구할 수 있는 거랍니다.

• **퍼센트 농도(%)란?**

퍼센트 농도(%)란 전체 용액의 양을 100이라고 가정할 때 용질이 차지하는 양을 나타냅니다. 일반적인 퍼센트 농도를 나타내는 방법은 용액 100g에 녹아 있는 용질의 질량(g)으로 표시하는 거지요. 하지만 퍼센트 농도가 같은 두 가지 용액이 있을 때, 용질의 종류에 따라 일정한 질량의 용액에 녹아 있는 용질의 질량은 같지만 그 입자수는 다르므로 유의해야 해요.

• **몰 농도(M)와 용액 만들기**

몰 농도(M)는 용액 1L 속에 녹아 있는 용질의 양 혹은 몰수(mol)로, 단위는 M 또는 mol/L를 사용합니다. 화학에서는 용질의 입자수를 이용한 농도를 사용하는데, 이것이 바로 몰 농도(M)지요. 용액을 만들 때는 먼저 용질을 용매에 녹여 용액을 만든 후에 그 용액의 부피를 맞춰야 정확한 농도의 용액을 만드는 과정이 된다는 걸 기억하세요.

01 그림은 같은 온도에서 부피가 서로 다른 용기에 헬륨(He) 기체와 기체 X가 들어 있는 것을 나타낸 것이다.

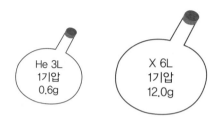

기체 X의 분자량은? (단, He의 원자량은 4이다)

① 18  ② 20  ③ 30  ④ 36  ⑤ 40

02 다음은 기체 A와 B에 대한 화학 반응식과 실험이다.

─〈보기〉─

[화학 반응식]

$aA(g) + B(g) \rightarrow 2C(g)$  (a는 반응 계수)

[실험 과정]

(가) 그림과 같이 콕으로 연결된 실린더와 주사기에 각각 기체 A와 B를 넣고, 실린더 내 기체의 부피와 밀도를 구한다.

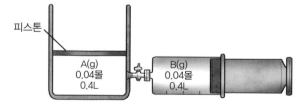

(나) 콕을 열고 주사기를 밀어 실린더에 기체 B 0.1L를 주입하고 콕을 닫은 후, 반응이 완결되었을 때 실린더 내 기체의 부피와 밀도를 구한다.

(다) 과정 (나)를 2회 반복한다.

[실험 결과]

| 주사기에 남아있는 B의 부피(L) | 0.4 | 0.3 | 0.2 | 0.1 |
|---|---|---|---|---|
| 실린더 내 기체의 부피(L) | 0.4 | 0.4 | 0.4 | $x$ |
| 실린더 내 기체의 밀도(상댓값) | 7 | | 11 | |

이에 대한 설명으로 옳은 것만을 〈보기〉에서 있는 대로 고른 것은? (단, 온도와 압력은 일정하고, 피스톤의 마찰과 질량 및 연결관의 부피는 무시한다)

┌─ 〈보기〉 ─────────────────────
ㄱ. a는 2이다.

ㄴ. $x$는 0.4이다.

ㄷ. 분자량 비는 B:C=8:11이다.
└──────────────────────────

① ㄱ　② ㄷ　③ ㄱ, ㄴ　④ ㄱ, ㄷ　⑤ ㄴ, ㄷ

03 다음은 0.1M 포도당 수용액을 만드는 실험 과정이다.

┌─ 〈실험 과정〉 ─────────────────────────────────────┐

　(가) 포도당 $x$g을 적당량의 증류수가 들어 있는 비커에 넣어
　　　녹인다.

　(나) (가)의 용액을 1L 　[ ㉠ ]　 에 모두 넣는다.

　(다) (나)의 　[ ㉠ ]　 표시선의 $\frac{2}{3}$ 정도가 되는 부분까지 증류
　　　수를 넣고 용액을 잘 섞는다.

　(라) 표시선까지 증류수를 채운 후 　[ ㉠ ]　 의 마개를 막고
　　　여러 번 흔들어 용액을 잘 섞는다.

└────────────────────────────────────────────────┘

이에 대한 설명으로 옳은 것만을 〈보기〉에서 있는 대로 고른 것은? (단, 포도
당의 분자량은 180이다)

┌─ 〈보기〉 ──────────────────────────────────────────┐

　ㄱ. $x$=18이다.

　ㄴ. '부피플라스크'는 ㉠으로 적절하다.

　ㄷ. (라)에서 만든 수용액 500mL에 녹아 있는 포도당의 몰수는 0.1
　　　몰이다.

└────────────────────────────────────────────────┘

① ㄱ　　② ㄷ　　③ ㄱ, ㄴ　　④ ㄴ, ㄷ　　⑤ ㄱ, ㄴ, ㄷ

# 1. 같은 온도와 압력에서 기체의 부피는 몰수 비에 비례하게 됩니다.

따라서 두 기체의 부피의 비를 몰수 비인 다음 식으로 나타낼 수 있습니다. He:X=1:2= $\dfrac{0.6}{4}$ : $\dfrac{12}{X의\ 분자량}$ 이 식을 정리하면 X의 분자량은 40이 됩니다.

∴ **정답은 ⑤입니다.**

**2.** ㄱ. A(g)가 들어 있는 실린더에 B(g)를 넣어 반응이 일어날 때, 실린더의 부피 변화는 '생성된 C(g)의 부피-반응한 A(g)의 부피'이고, 부피 변화가 없으므로 반응하는 A(g)와 생성되는 C(g)의 몰수가 같아 a는 2입니다. **따라서 맞는 보기입니다.**

ㄴ. 화학 반응식은 2A+B → 2C이며, 일정한 온도와 압력에서 기체의 몰수∝부피이므로 실험 결과는 아래 표와 같습니다.

| 주사기 내 B(g)의 부피(L) | | 0.4 | 0.3 | 0.2 | 0.1 |
|---|---|---|---|---|---|
| 실린더에 주입한 B(g)의 전체 부피(L) | | 0 | 0.1 | 0.2 | 0.3 |
| 실린더 내 기체의 몰수 | A(g) | 0.04 | 0.02 | 0 | 0 |
| | B(g) | 0 | 0 | 0 | 0.01 |
| | C(g) | 0 | 0.02 | 0.04 | 0.04 |
| 실린더 내 기체의 밀도(상댓값) | | 7 | | 11 | |

$x$는 0.4가 아닙니다. **따라서 틀린 보기입니다.**

ㄷ. 일정한 온도와 압력에서 기체의 밀도비는 분자량비와 같으므로, 분자량비는 A:C=7:11입니다. 질량 보존 법칙에 의해 '2×A의 분자량+B의 분자량=2×C의 분자량'이 성립하므로 분자량비는 A:B:C=7:8:11입니다. **따라서 맞는 보기입니다.**

∴ **정답은 ④입니다.**


### 3. 0.1M 포도당 수용액 제조 과정을 순서대로 이해해야 합니다.

ㄱ. 0.1M 포도당 수용액 1L를 제조하기 위해서는 0.1몰의 포도당이 필요합니다. 포도당의 분자량이 180이므로 0.1몰의 질량은 18g입니다. **따라서 맞는 보기입니다.**

ㄴ. 특정 몰 농도의 용액을 제조할 때 사용하는 실험 기구는 부피플라스크입니다. **따라서 맞는 보기입니다.**

ㄷ. 0.1M 포도당 수용액 500mL에는 0.05몰의 포도당이 녹아 있습니다. **따라서 틀린 보기입니다.**

∴ **정답은 ③입니다.**

## 물질, 넌 뭘로 이루어졌니?

아주 오래전부터 인간은 여러 가지 물질을 이루는 성분들을 알기 위하여 노력했습니다. 그 역사를 살펴보면 정말 재미있어요. 탈레스(BC 624년~BC 545년)라는 과학자는 모든 생명의 원천을 물로 보고 물의 중요성을 강조했습니다. 그는 "모든 물질의 근원은 곧 물이다."라는 학설을 주장하기도 했지요.

그 후 엠페도클레스(BC 490?~BC 430?)라는 과학자는 좀 더 구체적인 물질의 예를 들었습니다. 그는 불, 물, 공기, 흙을 물질의 기본 물질이라고 했어요. 그가 예시로 든 것은 나무였는데, "나무를 태우면 불이 나오고 그와 함께 물과 공기가 나온다. 아울러 나무가 재, 곧 흙으로 남는다."라고 주장했지요.

이 학설은 이후 아리스토텔레스(BC 384년~BC 322년)가 다시 주장하였는데 이것은 바로 '4원소설'이라는 것으로, 아주 오랫동안 사람들이 믿어왔습니다. 또 물질을 직접 만드는 연구도 활발히 진행되었는데, 대표적인 것이 바로 연금술이지요. 비록 연금술이 성공하지는 못했지만 물질에 대한 연구에 많은 도움이 되었습니다.

그 밖에 동양에서도 물질에 대한 연구가 있었는데, 대표적인 것이 바로 '5행설'이란 거예요. 여기에서 주장하는 물질의 기본은 불(火),

물(水), 나무(木), 흙(土), 금(金)입니다. 그들은 이 다섯 가지 물질이 서로에게 영향을 주며 서로 도와준다고 믿고 있었어요.

결국 이런 물질에 대한 여러 가지 생각들은 라부아지에(1743년 ~1794년)를 비롯한 여러 근대 과학자들에 의하여 그 정체가 드러나게 되었습니다. 하지만 이것은 과거의 수많은 사람들이 물질에 대해 연구하고 탐구 정신을 가지고 있었기에 가능했던 것이지 결코 우연히 이루어진 것이 아니란 걸 기억해야 한답니다.

# 원자의 구조

## 4교시 세계사 시간

•

"좋아하는 그림을 오랜만에 그리니 기분이 좋았어요. 너무 신난 나머지 대략적인 윤곽만 그리고 색칠을 시작했지요. 그랬더니 처음 생각한 것과 다른 이상한 그림이 됐어요. 아, 이럴 수가! 처음부터 순서대로 했으면 이런 일은 없었을 텐데…."

위의 예시처럼 그림을 그리는 방법에 순서가 있듯이 화학에도 순서가 있습니다. 그렇다면 원자를 구성하는 입자들에는 무엇이 있을까요? 원자는 여러 과학자들에 의하여 존재의 비밀이 밝혀지게 되었고, 원자를 어떻게 표시하는지도 정해지게 됐어요. 이렇게 눈에 보이지 않는 아주 작은 입자인 원자는 더욱 친숙하게 우리에게 다가오게 되었습니다.

자, 그럼 이쯤에서 원자의 이야기를 시작해 볼까요?

# 원자의 구성 입자

## 전자와 원자핵의 발견

전자와 원자핵은 어떻게 등장했지?

"어느 날 프로볼링 중계방송을 보았는데 볼링핀이 양쪽 끝에 있어 해결하기 아주 어려운 장면이 나왔어요. 그런데 어떤 외국 선수가 볼링공을 멋지게 회전시켜서 공을 전부 맞추는 걸 봤지요. 우와, 어떻게 저런 기술이 가능하지!"

방송을 보고 난 경우는 궁금한 점이 생겼어요.

저렇게 눈에 보이는 볼링공도 프로가 아닌 보통 사람들은 맞추기 어려운데, 눈에 보이지도 않는 원자들의 구성 입자들은 어떻게 증명했을까? 러더퍼드는 α입자로 증명했다는데….

여러분은 원자의 구성 입자인 전자와 원자핵이 어떻게 등장했는지 알고 있나요? 먼저 전자는 톰슨이라는 과학자가 음극선 실험을 통하여 그 존재를 밝혀냈다고 합니다. 톰슨은 방전관에 높은 전압을 걸었을 때 (-)극에서 (+)극으로 흐르는 입자의 흐름을 발견하였고, 이를 전자라고 이름 지었어요. 톰슨이 실험을 통하여 밝힌 전자의 성질은 총 세 가지이고 다음과 같습니다.

첫 번째로 음극선의 진로에 장애물을 놓아 그림자가 생기는 걸 보고 직진하는 성질이 있다는 걸 알아냈고, 두 번째로 바람개비를 설치하면 이를 회전시키므로 질량을 가진 입자라는 것을 확인했지요. 세 번째는 음극선의 진행 방향에 전기장을 걸어 (+)극으로 휘어지는 걸 보고 전자가 (-)극을 띠고 있다는 걸 증명했습니다.

아울러 톰슨은 음극선 실험을 통하여 원자 모형을 제시했는데, (+)전하가 고르게 분포되어 있는 공에 (-)전하를 띤 전자가 박힌 모형이지요. 이 모형은 건포도가 박힌 푸딩이나 백설기의 비유로 많이 알려진 모형입니다.

다음은 톰슨의 음극선 실험을 정리한 그림이에요.

| | | |
|---|---|---|
| 진공관의 중간에 물체를 놓아두면 물체의 그림자가 생긴다. | 진공관의 중간에 바람개비를 놓아두면 바람개비가 회전한다. | 음극선이 지나가는 길에 전기장을 걸어 주면 음극선이 (+)극 쪽으로 휘어진다. |
| ⇨ 음극선은 직진한다. | ⇨ 음극선은 질량을 가진 입자이다. | ⇨ 음극선은 (-)전하를 띤 입자이다. |

원자핵은 **러더퍼드**가 $\alpha$ **입자 산란 실험**을 통하여 발견했다고 하는데, 여기에서 $\alpha$입자는 $He^{2+}$를 말합니다. 러더퍼드는 톰슨의 모형을 증명하기 위하여 $\alpha$입자를 사용했는데, 얇은 금박에 (+)전하를 띠는 $\alpha$ 입자를 충돌시켰더니 처음의 예상과 다른 실험 결과를 얻게 되었어요. 처음에 러더퍼드는 대부분의 입자가 그대로 통과할 거라고 예상했습니다. 하지만 실험 결과 대부분의 $\alpha$입자가 금박을 그대로 통과하긴 했지만, 일부 $\alpha$입자는 경로가 휘거나 튕겨져 나오는 걸 발견했죠.

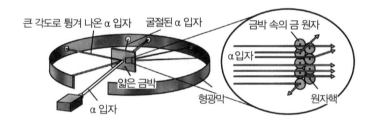

**러더퍼드의 α입자 산란 실험**

이 실험을 통하여 러더퍼드는 원자핵이라는 입자를 발견하고 다음과 같은 결론을 내렸습니다. 첫 번째로 대부분의 $\alpha$입자가 그대로 통과하는 걸 봤을 때 이 입자의 크기는 매우 작으며 원자는 대부분이 빈 공간으로 구성되어 있다는 겁니다. 두 번째로 (+)전하를 띠는 $\alpha$입자를 휘거나 튕겨 내는 걸 보아 (+)전하를 띠는 입자가 존재하며 일정한 질량을 가지고 있다는 거죠.

이렇게 러더퍼드는 $\alpha$ 입자 산란 실험을 통하여 원자 모형을 제시했는데, (+)전하를 띠는 매우 작은 크기의 원자핵이 원자의 중심에 있고 (-)전하를 띠는 전자가 그 주위를 돌고 있는 모형입니다. 이처럼 원자의 구성 입자인 전자와 원자핵은 과학자들의 노력으로 등장하게 되었고, 그 덕분에 원자의 비밀이 밝혀지게 된 거랍니다.


## 원자핵의 입자와 입자의 성질

**양성자와 중성자, 너희들은 뭐니?**
어느 날 동근이는 엄마를 도와 양파 껍질을 벗기다 눈이 따가워서 눈물이 났어요. 눈물이 나기는 했지만 양파가 그렇게 많은 껍질이 있다는 게 신기했지요. 순간 동근이에게 궁금한 점이 생겼습니다.

겉으로 보기에는 하나인 것처럼 보이는데 속에 무언가가 들어 있는 것이 있다면, 우리가 공부한 원자핵에도 양파 껍질과 같은 무언가가 더 있지 않을까?


우리는 앞에서 원자핵에 대해 공부했습니다. 그런데 이러한 원자핵 속에 또 다른 입자들이 들어 있다는 것을 알고 있나요? 그 입자들은 바로 **양성자**와 **중성자**이지요. 사실 양성자는 원자핵이 발견되기 전인 1886년 골트슈타인이라는 과학자에 의하여 그 존재가 밝혀지게 되었습니다. 물론 그 당시 양극선 실험을 통하여 입자의 존재가 증명되긴 했지만 정확하게는 1917년 러더퍼드에 의하여 다시 확인되었고 양성자라는 이름을 붙이게 되었지요.

중성자는 언제 어떻게 등장하게 되었을까요? 1932년 채드윅은 원자핵에 $\alpha$ 입자를 충돌하는 실험을 했습니다. 여기에서 전하를 띠지 않는 입자가 튀어나오는 것을 확인했죠. 이 입자를 나중에 자세하게 분석해 본 결과, 원자핵의 구성 입자라는 것을 확인할 수 있었습니다. 결국 이 실험을 통해 중성자의 존재를 최종 확인하였고, 오늘날에 이르게 된 거예요.

그렇다면 이러한 입자들은 어떤 성질을 가지고 있을까요? 하나씩 살펴보겠습니다. 먼저 양성자는 약자 p를 쓰고, 원소에 따라 그 숫자가 전부 다르며, 같은 원소의 원자라면 양성자수가 같다는 성질을 가지고 있습니다. 양성자의 질량은 $1.673 \times 10^{-24}$g이며 전하량은 $+1.6 \times 10^{-19}$이며 +1의 전하를 가지고 있지요.

두 번째로 중성자는 약자 n을 쓰고, 양성자와 질량의 차이가 거의 없으며, 전하를 띠지 않는 입자로 양성자와 함께 원자핵을 구성하는 입자입니다. 또 특이한 점은 같은 원소라고 해도 중성자수가 다른 원소가 존재한다는 사실이지요. 중성자의 질량은 $1.675 \times 10^{-24}$g이며 전하량은 0입니다.

세 번째로 전자는 약자로 e⁻를 쓰며, 양성자와 전하량의 크기가 같으나 부호가 서로 반대인 전하를 가지고 있는 입자이지요. 전자의 질량은 $9.11 \times 10^{-28}$g이며 전하량은 $-1.6 \times 10^{-19}$이며 $-1$의 전하를 가지고 있습니다. 이걸 양성자의 질량과 비교해 봤을 때 약 1,837배의 차이를 가지고, 전기적으로 중성인 원자의 경우 양성자수와 전자의 수가 서로 같지요. 다음 표는 위의 내용들을 정리한 내용입니다.

| 구 분 | | 질량(g) | 질량비 | 전하량(C) | 전하비 |
|---|---|---|---|---|---|
| 원자핵 | 양성자 (p) | $1.673 \times 10^{-24}$ | 1 | $+1.6 \times 10^{-19}$ | $+1$ |
| | 중성자 (n) | $1.675 \times 10^{-24}$ | 1 | 0 | 0 |
| 전자($e^-$) | | $9.11 \times 10^{-28}$ | $\dfrac{1}{1,837}$ | $-1.6 \times 10^{-19}$ | $-1$ |

그렇다면 이러한 입자들이 들어있는 원자의 크기는 어느 정도일까요? 알려진 정보에 의하면 원자의 지름은 $10^{-10}$m 정도라고 하며, 원자핵의 지름은 $10^{-15} \sim 10^{-14}$m 정도라고 해요. 이렇게 수치만 비교하면 그 크기가 잘 이해되지 않으니까, 우리가 잘 알고 있는 것으로 비유해 볼게요. 예를 들어 원자를 커다란 야구장이라고 한다면 원자핵은 그 속에 있는 작은 구슬 정도의 크기라고 할 수 있습니다. 결국 원자핵은 원자 전체의 부피에서 아주 작은 부분을 차지하고 있고, 원자 크기의 대부분은 전자가 존재하는 공간이라고 볼 수 있는 거죠.

이처럼 우리는 원자의 구성 입자들이 서로 다른 성질을 가지고 있다는 사실을 알고 그 크기도 비교할 수 있어야 한답니다.

# 원자의 표시와 동위원소 및 평균 원자량

**어? 똑같이 생겼는데 다르다구?**
"몇 해 전 어느 예능 프로그램에서 세쌍둥이 아빠가 너무나 힘들게 육아하는 장면을 봤어요. 우와, 한 명의 아이를 돌보는 것도 힘든데 세 명을 한꺼번에 돌봐야 하다니 정말 힘들겠다…."
예능 프로그램을 보고 난 후 민호에게는 궁금한 점이 생겼어요.

수업 시간에 세쌍둥이처럼 같은 원소들도 서로 다른 점이 있다고 들었는데, 이 원소들은 어떻게 구분하지? 크기가 너무 작지 않나?

여러분은 지구상에 존재하는 수많은 원자들을 어떻게 구분하는지 알고 있나요? 과학자들은 다양한 원자들을 구분하기 위하여 고유한 번호를 정했고, 이를 원자 번호라고 부릅니다. 이러한 원자 번호는 양성자수와 같으며, 원소들을 구분할 수 있는 아주 중요한 방법이에요. 보통 전기적으로 중성인 원자의 경우 양성자수와 전자수가 같은 게 일반적입니다. 또 질량수가 있는데, 이는 양성자수와 중성자수를 합한 질량이며 원자의 질량 대부분을 차지하고 있습니다. 따라서 이를 정리하면 다음과 같이 표시할 수 있지요.

**원자 번호＝양성자수＝중성 원자의 전자수**
**질량수＝양성자수＋중성자수**

그러면 이와 같은 원자 번호는 어떻게 표시할까요? 먼저 원소 기호를 쓰고 난 후 왼쪽 위에는 질량수를, 왼쪽 아래에는 원자 번호를 적습니다. 다음은 대표적인 예시인데, X는 원소 기호, A는 질량수, Z는 원자 번호를 나타내요.

$$\text{질량수} \to A \atop \text{원자 번호} \to Z} \mathbf{X} \leftarrow \text{원소 기호}$$

한편, 양성자수는 같으나 중성자수가 다른 원소가 존재하는데 이를 동위원소라고 합니다. 이러한 동위원소들은 물리적인 성질은 다르지만 화학적인 성질은 같은 특징이 있지요. 화학적인 성질을 결정하는 요인이 전자인데, 동위원소는 비록 중성자수가 달라 질량은 다르지만 전자의 수가 같기 때문입니다.

대표적인 동위원소의 예로는 수소(H)가 있는데, 수소는 중성자수의 개수에 따라 수소, 중수소, 삼중수소로 구분합니다. 수소는 양성자 1개, 전자 1개만 존재하지만 중수소의 경우에는 양성자수 1개, 중성자수 1개, 전자 1개입니다. 마지막으로 삼중수소는 양성자수 1개, 중성자수 2개, 전자 1개를 가지지요. 다음은 수소의 동위원소를 나타낸 그림입니다.

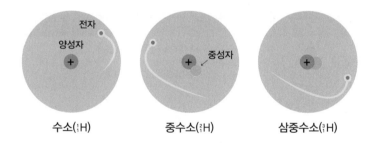

수소($_1^1$H)  중수소($_1^2$H)  삼중수소($_1^3$H)

이 밖에도 동위원소가 존재하는 원소는 탄소(C), 산소(O), 질소 (N) 등 매우 다양합니다. 따라서 우리는 서로 같은 원소더라도 동위 원소가 존재한다는 걸 알고 있어야 하지요. 그리고 원자량을 사용할 때는 동위원소의 존재 비율을 고려한 평균 원자량을 이용하는 게 좋 습니다. 평균 원자량은 각 동위원소의 원자량과 존재 비율의 곱을 합 하여 구해요. 아래 표는 염소(Cl)의 평균 원자량을 구하는 과정을 나 타낸 것입니다.

| 평균 원자량 구하기(염소의 평균 원자량) | |
|---|---|
| 동위원소의 존재 비율 파악하기 | 자연계에는 원자량이 35.0인 $^{35}$Cl가 75%, 원자량이 37.0인 $^{37}$Cl가 25% 존재한다. |
| 존재 비율을 고려하여 평균 원자량 구하기 | Cl의 평균 원자량 = $\dfrac{35.0 \times 75 + 37.0 \times 25}{100}$ = 35.5 |

아울러 우리가 알고 있는 대표적인 원소인 수소(H), 탄소(C), 산소 (O)의 동위원소의 존재 비율과 평균 원자량을 확인해 봅시다.

| 원소 | 원자 번호 | 동위원소 | 원자량 | 존재 비율(%) | 평균 원자량 |
|------|-----------|----------|--------|--------------|-------------|
| 수소 | 1 | $^1H$ | 1.0078 | 99.985 | 1.0079 |
| | | $^2H$ | 2.0141 | 0.015 | |
| 탄소 | 6 | $^{12}C$ | 12.000 | 98.892 | 12.011 |
| | | $^{13}C$ | 13.003 | 1.108 | |
| 산소 | 8 | $^{16}O$ | 15.995 | 99.762 | 15.999 |
| | | $^{17}O$ | 16.995 | 0.038 | |
| | | $^{18}O$ | 17.999 | 0.200 | |

이처럼 우리 주변에는 대부분의 원소들에 동위원소가 존재한다는 걸 기억해야 한답니다.

• 원자의 구성 입자 발견

전자는 톰슨이 음극선 실험을 통하여 발견했고, 원자핵은 러더퍼드가 $\alpha$ 입자 산란 실험을 통하여 발견했지요. 원자핵의 구성 입자인 양성자는 골트슈타인이, 중성자는 채드윅이 그 존재를 밝혀냈습니다.

• 원자의 구성 입자 성질

양성자는 +1의 전하를 띠고 있으며 전자는 −1의 전하를 띠고 있어요. 물론 중성자는 전하가 0이지요. 양성자의 질량은 전자보다 1,837배 정도 크며 중성자와는 질량이 비슷해요. 따라서 원자의 질량은 양성자와 중성자의 질량이라고 말할 수도 있어요.

• 원자 번호와 질량 수 표시

원자 번호는 양성자수와 같으며 중성 상태에서는 전자수와 같아요. 질량수는 양성자수와 중성자수의 합이죠. 원자 번호의 표기는, 먼저 원소 기호를 쓰고 왼쪽 위에 질량수를, 왼쪽 아래에 원자 번호를 표시하면 돼요.

## • 동위원소와 평균 원자량 관계

양성자수는 같으나 중성자수가 다른 원소를 동위원소라고 해요. 동위원소는 물리적 성질은 다르지만 화학적 성질이 같아요. 그 이유는 서로 다른 동위원소라도 전자의 수가 모두 같기 때문이지요. 이러한 동위원소의 존재로 인하여 평균 원자량을 사용한다는 것도 기억하세요.

# 원자 모형의 변천

## 수소 원자의 선 스펙트럼

**수소 원자의 선 스펙트럼이 뭐지?**
"동생이 오늘 학교에서 프리즘을 이용하여 햇빛에서 무지개를 보았다는 말을 들었어요. 아, 이거 나도 초등학교 시절 과학 시간에 했던 건데…. 그때 참으로 신기했어요. 분명 햇빛은 한 가지로 보이는데 프리즘을 통과하고 나니 여러 가지 색으로 나뉘는 게 말이에요."
이때 태완이는 궁금한 점이 생겼어요.

햇빛과 마찬가지로 다른 원소들도 프리즘을 이용하면 여러 가지 색깔이 보일까? 보통 스펙트럼이라는 용어를 사용하는 것 같았는데….

여러분은 원자가 어떤 스펙트럼을 나타내는지 알고 있나요? 원자의 스펙트럼을 알기 위해서는 먼저 스펙트럼의 종류부터 공부해야 합니다. 스펙트럼의 종류는 연속 스펙트럼과 선 스펙트럼이 있는데,

이제부터 그 특징을 각각 살펴보도록 해요.

연속 스펙트럼이란 분광기에 통과시켰을 때 선이 끊어지지 않고 연속으로 나타나는 현상을 말하며, 보통 태양이나 햇빛 등에서 볼 수 있어요. **선 스펙트럼**이란 분광기에 통과시키면 스펙트럼이 불연속적인 몇 개의 선으로 나타나는 현상을 말하며, 일반적으로 원소는 선 스펙트럼에 속합니다.

대표적인 원소인 수소가 선 스펙트럼을 내는 것을 좀 더 자세하게 살펴보기로 해요. 수소 기체를 방전관에 넣고 높은 전압에서 방전시키면 전자가 에너지를 흡수하여 높은 상태의 에너지가 되었다가, 다시 에너지를 방출하면서 낮은 상태의 에너지가 됩니다. 이때 그 차이만큼의 에너지를 방출하게 되는데 이것이 빛의 형태로 방출되며, 이를 분광기에 통과시키면 불연속적인 선 스펙트럼을 확인할 수 있는 거예요. 우리는 이러한 수소 원자의 선 스펙트럼을 통하여 전자가 가질 수 있는 에너지가 불연속이라는 사실을 알게 됩니다. 다음 그림은 수소의 선 스펙트럼을 나타낸 것입니다.

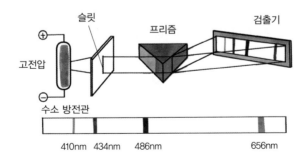

이처럼 실험을 통하여 수소 원자의 스펙트럼이 선 스펙트럼이라는 걸 확인할 수 있다는 걸 기억하세요.


## 보어의 원자 모형 해석

태양과 같은 역할을 하는 물질이 있다고?
"어느 TV 프로그램에서 태양계를 소개하는 프로그램을 보았어요. 태양계는 태양을 중심으로 여러 행성들이 회전한다는 사실을 멋진 동영상으로 볼 수 있었죠. 우와, 정말 멋있었어요!"
이렇게 TV 프로그램을 보고 난 후 승찬이는 궁금한 점이 생겼어요.

태양계와 마찬가지로 보어가 제안한 원자 모형도 비슷하다고 하던데 과연 정말일까? 그러면 태양과 같은 역할을 하는 건 과연 뭐지?


우리는 앞에서 수소의 선 스펙트럼에 대하여 공부했습니다. 이 수소의 스펙트럼을 좀 더 쉽게 설명하기 위하여 노력한 과학자가 있는데, 그는 바로 **보어**라고 해요. 보어는 수소 원자의 불연속적인 선 스펙트럼을 설명하기 위하여 **궤도형 원자 모형**을 제시했습니다.

전자는 원자의 가운데 있는 원자핵 주위를 일정한 궤도에 따라 원운동하는데, 이 불연속적인 궤도를 전자껍질이라 불러요. 전자껍질의 에너지 궤도는 불연속이며 원자핵에서 가까운 순서대로 K, L, M,

N 등으로 명명했습니다. 보어는 영어 소문자 n에 숫자를 붙이며 주양자수로 했고, K껍질은 n=1, L껍질은 n=2, M껍질은 n=3, N껍질은 n=4라고 했지요. 여기에서 수소 원자의 각 전자껍질 에너지 준위는 주양자수에 의해서만 결정됩니다.

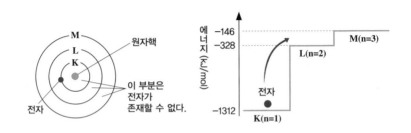

**보어의 원자 모형과 에너지 준위**

아울러 원자핵에서 점점 멀어질수록 에너지 준위는 높아지며 두 전자껍질 사이의 간격은 점차로 가까워집니다. 또한, 전자는 에너지를 흡수하면 높은 단계의 껍질로 전이하는데, 이때 위로 올라간 전자가 다시 원래 상태로 내려오면서 에너지를 방출하죠. 이렇게 에너지 준위가 가장 낮은 상태를 **바닥상태**라고 하며 에너지 준위가 높은 상태를 **들뜬상태**라고 합니다.

다음은 수소의 바닥상태와 들뜬상태를 나타낸 그림입니다. 바닥상태의 전자가 K껍질에 존재하다 에너지를 받아서 위의 단계 껍질로 올라가면 들뜬상태가 됩니다. 그 이후 다시 내려오면서 에너지가 방

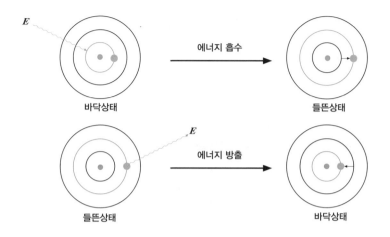

에너지 흡수

바닥상태 → 들뜬상태

에너지 방출

들뜬상태 → 바닥상태

출되어 바닥상태가 되는 거죠.

　다음으로, 앞에서 공부한 수소 원자의 선 스펙트럼과 보어 모형의 관계를 정리해 볼까요? 수소 원자의 불연속적인 선 스펙트럼의 이유가 전자껍질이 갖는 에너지 준위가 불연속적이기 때문이라고 배웠었지요. 여기에서 우리가 알아야 하는 건 수소 원자의 전자 전이에 따라 다양한 스펙트럼이 나타난다는 점입니다. 수소 원자에서 전자 전이가 n=2 이상에서 n=1로 떨어지는 경우 라이먼 계열(자외선 영역)이라고 해요. n=3 이상에서 n=2로 떨어지면 발머 계열(가시광선 영역), n=4 이상에서 n=3으로 떨어지면 파셴 계열(적외선 영역)이라고 합니다. 아울러 빛 에너지는 파장과 서로 반비례하고 진동수에는 비례하지요. 따라서 전자가 가장 멀리 떨어져서 방출하는 에너지가 큰 경우, 진동수는 크지만 파장은 짧습니다.

　이제 우리는 수소 원자 선 스펙트럼의 해석을 통하여 각각 고유한 영역과 에너지, 진동수, 파장의 관계를 정리할 수 있게 되었어요. 마지막으로 그림을 통해 수소 원자의 전자 전이와 스펙트럼 계열을 살펴보도록 해요.

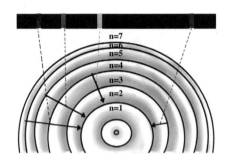
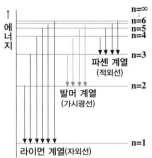

## 원자 모형의 변천

**원자 모형은 이렇게 변했어요.**
"TV에서 20년 전 유명했던 프로그램을 재방송하고 있었어요. 지금은 중견 배우가 된 그들의 20대 모습을 보니 참으로 신선한 느낌이 들었죠. 그런데 그들이 입고 있는 의상들이 정말 유치해 보이더라구요. 저런 의상들이 그 당시에는 최신식 옷이었다니….”
순간 대연이는 궁금한 점이 생겼어요.

20년 전의 것도 지금과 다른 게 너무 많은데, 그렇게 오래된 원자 모형들은 어떻게 설명을 했을까? 어떤 정해진 방법이 따로 있는 것일까?

우리는 앞에서 보어의 원자 모형에 대하여 공부했습니다. 하지만 원자 모형은 여러 과학자들에 의하여 계속 수정되며 변해 오고 있지요. 그럼 지금부터 원자 모형의 변천 과정에 대하여 알아보기로 해요.

원자를 처음으로 설명한 과학자는 돌턴으로, 1803년 모든 물질은 더 이상 쪼개지지 않는 입자로 구성된다는 원자설을 주장하면서 이에 근거한 원자 모형을 제시했어요. 이 모형에서 원자는 단단하고 더 이상 쪼갤 수 없는 구형을 하고 있습니다.

그 다음에는 톰슨 모형으로, 1897년 톰슨이 음극선 실험을 통하여 전자를 발견하고 제시한 모형이지요. 이 모형은 (+)전하를 띠고 있는 공에 (-)전하를 띠고 있는 전자가 박혀 있는 모양으로 건포도가 박힌 백설기에 비유할 수 있습니다.

세 번째 모형은 러더퍼드 모형으로, 1911년 러더퍼드가 $\alpha$ 입자 산란 실험을 통하여 발견한 원자핵을 설명하며 제시한 모형이지요. 이 모형은 원자의 중심에 원자핵이 위치하고 있으며 그 주위를 전자가 돌고 있다는 모형입니다. 네 번째는 보어 모형으로, 1913년 보어가 수소 원자의 선 스펙트럼을 설명하며 제시한 원자 모형이지요. 이 모형은 전자가 원자핵의 일정한 궤도를 따라 원운동을 하며 전자가 다른 궤도로 전이할 때는 에너지의 출입이 따른다고 하는 모형입니다.

마지막으로 오늘날 사용하는 현대 모형은 다전자 원자의 스펙트럼을 설명하기 위하여 제시한 모형인데, 이 모형은 원자핵 주위에서

전자가 발견될 확률을 계산하여 확률분포로 나타낸 **전자구름 모형**
을 말합니다.

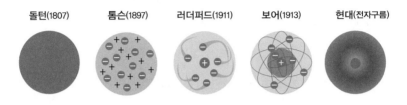

**원자 모형의 변천 과정**

이처럼 원자 모형은 과학이 발전하면서 조금씩 변해 왔어요.

• 수소의 선 스펙트럼의 원리와 해석

수소를 분광기로 분석하면 불연속적인 선 스펙트럼을 나타내는데, 그 이유는 수소 원자의 에너지 준위가 불연속적이기 때문이에요. 수소에서 전자가 에너지를 받아 들떴다가 다시 떨어지는 경우에는, 그 위치에 따라 n=1이면 라이먼 계열(자외선), n=2면 발머 계열(가시광선), n=3이면 파셴 계열(적외선)로 다르게 나타나요.

• 보어의 원자 모형의 배경

보어는 수소의 선 스펙트럼을 설명하기 위하여 새로운 원자 모형을 제시했어요. 이 모형은 궤도형 모형으로, 원자핵에 가까운 순서대로 K(n=1), L(n=2), M(n=3), N(n=4)껍질로 명명했지요. 궤도의 간격은 위로 갈수록 점차 좁아지며, 가장 낮은 에너지 준위 상태를 바닥상태, 에너지를 받아 위로 올라가면 들뜬상태라고 해요.

• 원자 모형의 변천 과정

원자 모형은 돌턴이 처음 제시한 모형에서 점차 변해 가는데,

전자의 발견으로 톰슨 모형으로 변했다가 또 원자핵의 발견으로 러더퍼드 모형으로 변하지요. 그 후 보어 모형으로 바뀌었다가 다시 현대 모형으로 발전하지요. 오늘날의 원자 모형은 전자가 발견될 확률을 확률분포로 나타낸 전자구름 모형이에요.

# 현대 원자 모형과 전자 배치

## 현대적 원자 모형과 오비탈

**오비탈, 네 정체가 뭐니?**
"어느 야구 경기에서 투수가 던진 공이 시속 100마일을 기록한 걸 봤어요. 이것은 시속 약 160km로, 정말 빠른 공이라고 해설자가 말했죠. 우와, 어떻게 그렇게 빠른 공을 던지지?"
야구 경기를 보고 난 후 용재는 궁금한 점이 생겼어요.

저렇게 빨라도 야구공은 포수가 잡을 수 있잖아. 그런데 눈에 보이지도 않는 전자가 원자핵 주위를 돌고 있다고 하는데 이건 어떻게 알 수 있지? 원자는 너무나도 작아서 볼 수도, 잡을 수도 없는데 말이야.

우리는 원자 모형의 변천 과정에서 현대 원자 모형에 대해 공부했습니다. 현대 원자 모형은 원자핵 주위에서 전자가 발견될 확률을 계산하여 확률분포로 나타낸 전자구름 모형이라고 했는데, 이러한 확률분포를 **오비탈**이라는 명칭을 사용하여 나타내요. 오비탈은 s, p, d, f 등의 기호로 나타내며 각 전자껍질에 들어가는 종류가 정해져 있습니다. 보통 K 껍질에는 s 오비탈이 들어가며, L 껍질에는 s와 p 오비탈이 들어갑니다. 1s의 의미는 첫 번째 껍질인 K 전자껍질에 있는 s 오비탈이라는 뜻이지요.

아울러 오비탈은 그림으로 표현하면 점밀도 그림이나 경계면 그림으로 나타나는데, 점의 밀도가 진하게 표현되는 곳이 전자가 발견될 확률이 높은 곳입니다. 전자가 발견될 확률이 90% 이상인 공간을 나타내어 경계면을 표시하는데, 여기에서 주의점은 경계면의 밖에서도 전자가 발견될 확률이 0%는 아니라는 거죠. 다음은 오비탈의 전자구름 모형과 경계면을 나타낸 그림입니다.

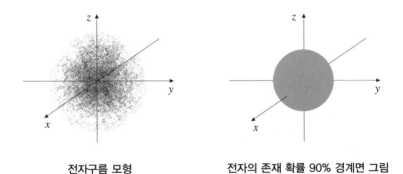

전자구름 모형            전자의 존재 확률 90% 경계면 그림

오비탈은 s 오비탈과 p 오비탈 두 종류가 있습니다. 먼저 s 오비탈은 구형이고, 모든 전자껍질에 존재하고 있으며, 방향에 관계없이 핵

으로부터의 거리가 같으면 전자가 발견될 확률이 같지요. 1s 오비탈과 2s 오비탈은 모양은 같지만 크기가 다르며, 2s 오비탈의 크기가 더 큽니다. 핵으로부터의 평균 거리도 2s 오비탈이 더 멀고, 에너지 준위 역시 2s 오비탈이 더 높지요.

p 오비탈은 아령 모양으로, 두 번째 껍질인 L 전자껍질부터 존재하며, 방향성이 있어서 핵으로부터의 거리와 방향에 따라 전자가 발견될 수 있는 확률이 모두 다릅니다. p 오비탈은 $p_x$, $p_y$, $p_z$ 3개가 각각의 축에 존재하며, 3개 모두 에너지 준위는 같아요. s 오비탈과 마찬가지로 p 오비탈도 3p 오비탈이 2p 오비탈보다 크기도 크고 에너지 준위도 높지만, 모양은 같습니다.

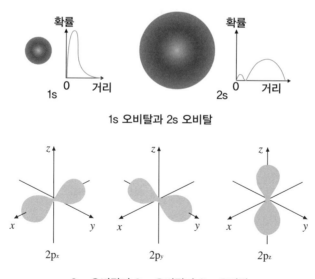

1s 오비탈과 2s 오비탈

2$p_x$ 오비탈과 2$p_y$ 오비탈과 2$p_z$ 오비탈

현대 원자 모형에서는 주 양자수(n), 방위 양자수(l), 자기 양자수(m$_l$), 스핀 자기 양자수(m$_s$)의 양자수를 사용하여 오비탈을 나타냅니다. 먼저 양자수란 오비탈의 공간적 성질과 전자의 운동을 나타내는 일련의 수를 말해요.

**주 양자수(n)**는 오비탈의 크기와 에너지를 결정하고, n=1, 2, 3……과 같이 자연수 값만 가능하며, 보어 원자 모형의 전자껍질에 해당한다고 할 수 있습니다. 보통 n값이 클수록 오비탈의 크기가 크고 에너지 준위가 높아지지요.

**방위 양자수(l)**는 오비탈의 종류를 결정한다고 할 수 있습니다. 보통 주 양자수(n)에 따라 가능한 방위 양자수(l)가 달라지며, l은 0부터 n-1까지의 정수만 가능해요.

**자기 양자수(m$_l$)**는 오비탈의 방향을 결정하며, 방위 양자수(l)가 정해지면 -1부터 +1까지의 정수만 가능합니다. 예를 들면 l=1인 p 오비탈의 자기 양자수(m$_l$)는 -1, 0, +1의 세 가지가 가능한데, 서로 방향이 다른 세 가지 오비탈이 있다는 것을 의미해요. 이 원리에 따라 s 오비탈은 1개, p 오비탈은 3개, d 오비탈은 5개의 오비탈로 이루어진다는 걸 알 수 있습니다.

**스핀 자기 양자수(m$_s$)**는 원자 내 하나의 전자를 완전하게 나타내기 위해서 전자의 스핀을 사용하는 걸 말해요. 서로 다른 전자를 표시하는 방법으로 반대 방향의 화살표(↑, ↓)를 사용하고, 자전과 비슷한 전자의 운동 방향을 스핀이라고 하며, 한 방향을 $+\frac{1}{2}$, 다른 한 방향은 $-\dfrac{1}{2}$ 로 나타냅니다.

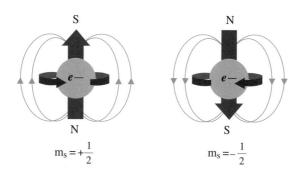

**스핀 자기 양자수(m_s)**

다음 표는 각 전자껍질에 따른 주 양자수(n), 방위 양자수(l), 자기 양자수($m_l$), 스핀 자기 양자수($m_s$) 오비탈 종류와 수, 최대 수용 전자수를 각각 나타낸 것입니다.

| 전자껍질 | K | L | | | M | | | | | |
|---|---|---|---|---|---|---|---|---|---|---|
| 주양자수(n) | 1 | 2 | | | 3 | | | | | |
| 방위 양자수(l) | 0 | 0 | 1 | | 0 | 1 | | 2 | | |
| 자기 양자수($m_l$) | 0 | 0 | −1 | 0 | +1 | 0 | −1 | 0 | +1 | −2 | −1 | 0 | +1 | +2 |
| 오비탈 종류 | 1s | 2s | 2p | | | 3s | 3p | | | 3d | | |
| 오비탈 수($n^2$) | 1 | 4 | | | 9 | | | | | |
| 최대 수용 전자수 ($2n^2$) | 2 | 8 | | | 18 | | | | | |

이처럼 오비탈은 현대의 원자 모형으로 정해진 규칙이 있으며, 원자핵 주위에서 발견된 확률 분포를 나타낸다는 사실을 기억해야 한답니다.


## 현대적 원자 모형의 전자 배치

전자는 어떤 순서로 채워질까?

"오늘 남부 지방에 내린 폭우로 인해 저지대가 물에 잠기고 많은 수의 이재민이 발생했습니다." 기자는 아주 심각한 표정을 지으며 이야기를 계속했어요.

뉴스를 보고 난 후 창우는 궁금한 점이 생겼죠.

비가 많이 오다 보니 낮은 지대에 물이 차서 침수가 일어난 거구나. 그렇다면 원자에서 전자들이 채워지는 것은 어떨까? 에너지가 낮은 순서대로 채워지는 걸까, 아니면 어떤 다른 규칙이 있는 걸까?

여러분은 현대적인 원자 모형에서 전자가 채워지는 순서를 알고 있나요? 전자가 채워지는 방법에는 세 가지 원리가 숨어 있어요. 쌓음의 원리, 파울리 배타 원리, 훈트의 규칙입니다.

먼저 **쌓음의 원리**는 에너지 준위가 낮은 오비탈부터 전자가 순서대로 채워진다는 건데, 전자가 1개인 수소와 2개 이상인 다전자 원자들의 경우가 다릅니다. 수소의 경우에는 오비탈의 에너지 준위가 오비탈의 종류와 관계없이 주양자수에 의하여 결정되기 때문에, 같은 껍질이라면 s 오비탈이나 p 오비탈이나 모두 같지요. 같은 이유는, 수소의 경우 전자가 1개밖에 없어 전자들 사이에 반발력이 존재하지 않기 때문입니다. 다음은 수소 원자의 에너지 준위를 나타낸 거예요.

$$1s < 2s = 2p < 3s = 3p = 3d < \cdots$$

하지만 전자가 두 개 이상인 다전자 원자의 경우에는 주 양자수뿐만 아니라 오비탈의 종류에 따라서 에너지 준위가 달라집니다. 서로 다른 전자들 사이에 반발력이 작용하여 서로 밀어내기 때문이죠. 다음은 다전자 원자의 에너지 준위와 전자 배치 순서를 나타낸 것입니다.

$$1s < 2s < 2p < 3s < 3p < 4s < 3d < 4p < \cdots$$

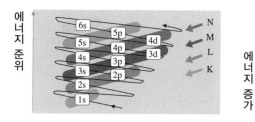
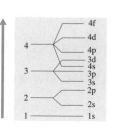

두 번째는 **파울리 배타 원리**입니다. 이 원리는 1개의 오비탈에 전자가 최대 2개까지 채워진다는 원리입니다. 1개의 오비탈에는 스핀 방향이 같은 전자가 존재할 수 없으며, 스핀 방향이 반대인 2개의 전자가 쌍을 이룬다는 원리죠. 여기에서 스핀이란 전자의 회전 방향을 말하는 것으로 보통 ↑와 ↓로 나타냅니다. 또 1개의 오비탈에는 3개의 전자가 들어갈 수 없으며, 방향이 같은 2개의 전자가 들어간다면 파울리 배타 원리를 위배하게 되므로 존재할 수 없는 배치가 돼요. 다음은 파울리 배타 원리상 불가능한 전자 배치의 예를 나타낸 것입니다.

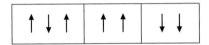

세 번째는 **훈트의 규칙**이에요. 이 규칙은 에너지 준위가 같은 오비탈에서 가능한 한 쌍을 이루지 않는 전자수인 홀전자수가 최대가 되도록 배치된다는 겁니다. 즉 p 오비탈에 전자가 채워질 때 이 규칙에 따라 먼저 1개의 전자가 각각의 오비탈에 들어가고, 두 번째 전자부터는 서로 멀리 떨어져서 배치가 이루어지는 거지요. 예를 들어 탄소의 경우 2p 오비탈에 전자가 들어갈 때 동시에 2개의 전자가 들어가는 것보다 1개씩 전자가 들어가서 서로 떨어질 때 더욱 안정됩니다.

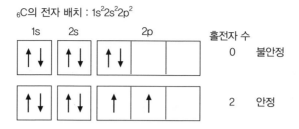

$_6$C의 전자 배치 : $1s^2 2s^2 2p^2$

또 오비탈에 전자가 들어갈 때 순서대로 채워지는 경우를 바닥상태라고 하고, 그렇지 않은 전자 배치를 들뜬상태라고 합니다. 예를 들어 원자 번호 7번인 질소(N)는 $1s^2 2s^2 2p^3$의 배치가 바닥상태인데, 여기에서 2s에 있는 전자가 에너지를 얻어 2p로 올라가게 되면 $1s^2 2s^1 2p^4$의 들뜬상태가 되어 불안정한 배치가 되지요. 일반적인 경우에는 원자는 바닥상태의 전자배치를 하는 경우가 안정적입니다. 다음은 들뜬상태를 그림으로 나타낸 겁니다.

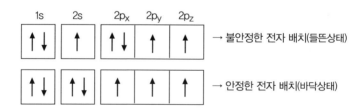

전자의 수가 증가하면 고려할 것이 있는데, 가려막기 효과와 유효핵전하입니다. **가려막기 효과**는 안쪽 전자껍질에 있는 전자나 자신과 같은 전자껍질에 있는 전자가 핵을 가리는 것으로, 실질적인 인력

이 작아진다는 의미예요. 따라서 이 현상으로 인하여 원자핵과 전자 사이의 실질적인 인력이 감소하게 됩니다.

**유효 핵전하**는 전자에 작용하는 실질적인 핵전하를 말하는 것으로 일반적인 핵전하와는 달라요. 즉 양성자수에 의한 핵전하와 비교해 보면 유효 핵전하는 더 작게 나타나게 됩니다. 그 이유는 한 전자에 작용하는 핵전하는 다른 전자들 사이의 반발력 때문에 수치가 작아지기 때문이에요.

이제까지 얘기한 원자의 전자 배치 원리에 대해 잘 이해했나요? 그러면 지금부터 중성 원자의 전자 배치와 이온의 전자 배치에 대해 공부해 봅시다. 먼저 원자 번호 1번부터 20번까지의 중성 원자를 오비탈에 따른 전자 배치를 하면 다음과 같이 나타낼 수 있어요.

| 원자 번호 | 원소 기호 | 오비탈 전자 배치 | 홀전자 수 | 원자 번호 | 원소 기호 | 오비탈 전자 배치 | 홀전자 수 |
|---|---|---|---|---|---|---|---|
| 1 | H | $1s^1$ | 1 | 11 | Na | $1s^22s^22p^63s^1$ | 1 |
| 2 | He | $1s^2$ | 0 | 12 | Mg | $1s^22s^22p^63s^2$ | 0 |
| 3 | Li | $1s^22s^1$ | 1 | 13 | Al | $1s^22s^22p^63s^23p^1$ | 1 |
| 4 | Be | $1s^22s^2$ | 0 | 14 | Si | $1s^22s^22p^63s^23p^2$ | 2 |
| 5 | B | $1s^22s^22p^1$ | 1 | 15 | P | $1s^22s^22p^63s^23p^3$ | 3 |
| 6 | C | $1s^22s^22p^2$ | 2 | 16 | S | $1s^22s^22p^63s^23p^4$ | 2 |
| 7 | N | $1s^22s^22p^3$ | 3 | 17 | Cl | $1s^22s^22p^63s^23p^5$ | 1 |
| 8 | O | $1s^22s^22p^4$ | 2 | 18 | Ar | $1s^22s^22p^63s^23p^6$ | 0 |
| 9 | F | $1s^22s^22p^5$ | 1 | 19 | K | $1s^22s^22p^63s^23p^64s^1$ | 1 |
| 10 | Ne | $1s^22s^22p^6$ | 0 | 20 | Ca | $1s^22s^22p^63s^23p^64s^2$ | 0 |

이렇게 원자는 원자 번호 순서에 따라 오비탈에 전자가 채워지게 됩니다. 그렇다면 만약 이온이 되는 경우에는 전자 배치가 어떻게 달라질까요? 먼저 양이온의 경우 나트륨 원자를 예로 설명해 봅시다. 나트륨(Na)은 원자 번호 11번으로 전자 배치가 $1s^2 2s^2 2p^6 3s^1$인데, 전자를 1개 잃어버리고 양이온이 되면 $1s^2 2s^2 2p^6$가 되어 네온(Ne)의 전자 배치와 동일하게 되지요.

음이온도 염소 원자의 예로 설명해 봅시다. 원자 번호 17번인 염소(Cl)의 전자 배치가 $1s^2 2s^2 2p^6 3s^2 3p^5$인데, 전자를 1개 얻어서 음이온이 되면 $1s^2 2s^2 2p^6 3s^2 3p^6$가 되어 아르곤(Ar)과 같은 전자 배치가 됩니다. 이렇게 중성 원자가 이온이 되면 비활성 기체와 같은 전자 배치를 하게 되며, 원자보다 더욱 안정한 상태가 되는 것이죠.

### • 오비탈의 해석과 현대 모형

현대 원자 모형을 오비탈이라고 하며 그 종류는 크게 s 오비탈과 p 오비탈로 나눠요. s 오비탈은 구형이며 방향성이 없고, p 오비탈은 아령형으로 3개의 축에 따르는 방향성이 있어요. 각 전자껍질에 들어가는 오비탈의 수와 종류는 모두 다르므로 그 차이를 반드시 구별해야 합니다. 양자수의 종류에는 주양자수($n$), 방위 양자수($l$), 자기 양자수($m_l$), 스핀 자기 양자수($m_s$)가 있어요. 양자수는 오비탈을 나타낼 때 사용하므로 아주 중요하다는 걸 기억하세요.

### • 오비탈 전자 배치의 원리

오비탈에 전자가 들어가는 원리는 쌓음의 원리, 파울리 배타 원리, 훈트의 규칙이 있어요. 쌓음의 원리는 에너지 준위가 낮은 오비탈부터 전자가 순서대로 채워지는 원리고, 파울리 배타 원리는 1개의 오비탈에 전자가 최대 2개까지 채워진다는 원리예요. 훈트의 규칙은 에너지 준위가 같은 오비탈에서 가능한 한 쌍을 이루지 않는 전자수인 홀전자수가 최대가 되도록 전자가 배치된다는 규칙이죠. 이렇게 세 가지 원리에 의하여 전자 배치가 이루어져요.

• **원자와 이온의 전자 배치**

원자는 원자 번호의 순서에 따라 각 오비탈 전자 배치가 이루
어지는 방식으로 1s, 2s, 2p, 3s, 3p, 4s의 순으로 전자가 채워
져요. 이온의 경우 양이온은 전자를 잃어버리고 음이온은 전
자를 얻는데, 특이한 것은 이온이 되면 비활성 기체의 전자
배치와 같아진다는 거예요.

01 다음은 원자를 구성하는 입자 X, Y에 관련된 실험이다.

| 입자 | 실험 | 실험 그림 |
|---|---|---|
| X | (가) 음극선의 경로에 바람개비를 두었더니 회전하였다. | (−) 고전압 (+) 바람개비 |
| Y | (나) 금박에 α입자를 쏘여 주었더니 α입자의 대부분은 통과하였으나 일부는 경로가 휘거나 튕겨 나왔다. | α입자 산란된 α입자 α입자원 금박 형광 스크린 |

이에 대한 설명으로 옳은 것만을 〈보기〉에서 있는 대로 고른 것은?

─〈보기〉─

ㄱ. 음극선은 질량을 가진 X의 흐름이다.

ㄴ. Y는 α입자와 전기적으로 반발한다.

ㄷ. 톰슨의 원자 모형으로 (가)와 (나)를 설명할 수 있다.

① ㄱ    ② ㄷ    ③ ㄱ, ㄴ    ④ ㄴ, ㄷ    ⑤ ㄱ, ㄴ, ㄷ

02 다음 그림은 보어의 수소 원자 모형에서 세 가지 전자 전이 A~C와 수
소 원자의 선 스펙트럼을 나타낸 것이다. ㉠과 ㉡은 각각 라이먼 계열과
발머 계열 중 하나이다.

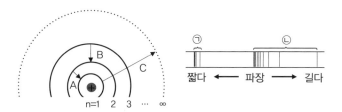

이에 대한 설명으로 옳은 것만을 〈보기〉에서 있는 대로 고른 것은? (단, 수소
원자의 에너지 준위 $E_n = -\dfrac{1312}{n^2}$ kJ/몰이다)

〈보기〉

ㄱ. A에서 방출하는 빛의 스펙트럼은 ㉠에 속한다.

ㄴ. 방출하는 에너지는 B가 A보다 크다.

ㄷ. C가 일어나면 바닥상태 수소 원자는 양이온이 된다.

① ㄱ  ② ㄴ  ③ ㄱ, ㄷ  ④ ㄴ, ㄷ  ⑤ ㄱ, ㄴ, ㄷ

03 다음 표는 원자 A~C의 바닥상태 전자 배치를 나타낸 것이다.

| 원자 | 전자 배치 |
|------|-----------|
| A | K(2)L(5) |
| B | K(2)L(6) |
| C | K(2)L(8)M(5) |

A~C에 대한 설명으로 옳은 것만을 〈보기〉에서 있는 대로 고른 것은? (단, A~C는 임의의 원소 기호이다)

─〈보기〉─

ㄱ. 원자가 전자수는 A와 C가 같다.

ㄴ. 홀전자 수는 B가 가장 많다.

ㄷ. 전자가 들어 있는 p 오비탈의 수는 C가 B의 2배이다.

① ㄱ　　② ㄴ　　③ ㄱ, ㄷ　　④ ㄴ, ㄷ　　⑤ ㄱ, ㄴ, ㄷ

• 정답 및 해설 •

1. 입자 X는 전자이고 Y는 원자핵이에요. 실험 (가)는 톰슨의 음극선 실험이고, (나)는 러더퍼드의 $\alpha$ 입자 산란 실험이라는 것을 알고 있어야 합니다.

　ㄱ. 이 실험에서 바람개비를 회전시킬 수 있다는 것으로 미루어, 입자 X가 질량을 가지고 있다는 것을 알 수 있습니다. **따라서 맞는 보기입니다.**

ㄴ. 입자 Y는 (+)극을 띠고 있는 α입자를 밀어낼 수 있어야 하므로 같은 극을 띠고 있어야 합니다. 같은 극이므로 전기적으로 서로 반발하게 됩니다. **따라서 맞는 보기입니다.**

ㄷ. 톰슨의 원자 모형으로 α입자의 경로가 크게 휘거나 튕겨 나오는 결과를 설명할 수 없습니다. **따라서 틀린 보기입니다.**

∴ **정답은 ③입니다.**


## 2. 보어의 수소 원자 모형을 이해하고 문제를 풀면 됩니다.

ㄱ. 선 스펙트럼에서 상대적으로 파장이 짧은 ㉠은 라이먼 계열이고, ㉡은 발머 계열입니다. A에서 방출하는 빛은 자외선 영역이므로 ㉠에 속합니다. **따라서 맞는 보기입니다.**

ㄴ. 방출하는 에너지는 n=2 → n=1로 전이하는 A가 n=3 → n=2로 전이하는 B보다 큽니다. **따라서 틀린 보기입니다.**

ㄷ. C는 수소 원자의 이온화 에너지에 해당하므로 C가 일어나면 수소 원자는 양이온이 됩니다. **따라서 맞는 보기입니다.**

∴ **정답은 ③입니다.**


## 3. 원자의 전자 배치를 잘 이해하고 문제를 풉니다.

ㄱ. 가장 바깥 전자껍질에 5개의 전자가 들어 있는 A와 C는 원자가 전자 수가 같습니다. **따라서 맞는 보기입니다.**

ㄴ. B의 전자 배치는 $1s^2 2s^2 2p_x^2 2p_y^1 2p_z^1$이므로 홀전자 수는 2개, A의 전자 배치는 $1s^2 2s^2 2p_x^1 2p_y^1 2p_z^1$으로 홀전자 수는 3개, C의 홀 전자 수는 3개이므로 B가 가장 적습니다. **따라서 틀린 보기입니다.**

ㄷ. B, C의 전자 배치는 각각 $1s^2 2s^2 2p_x^2 2p_y^1 2p_z^1$, $1s^2 2s^2 2p_x^2 2p_y^2 2p_z^2$ $3s^2 3p_x^1 3p_y^1 3p_z^1$이므로 전자가 들어 있는 p 오비탈의 수는 C가 B의 2배입니다. **따라서 맞는 보기입니다.**

∴ **정답은 ③입니다.**

## Chapter 4

# 원소의
# 주기적 성질

# 1교시 진로 시간

•

"이번 진로 시간에는 도서관에서 수업이 있었어요. 사서 선생님께서는 역사, 사회, 인물, 과학 등의 중요한 주제를 주시면 자신이 흥미를 가지고 있는 분야를 찾아서 책을 읽으라고 하셨죠. 다행히 도서관에는 주제별로 잘 정리가 되어 있어서 자료를 찾기가 편했어요."

이렇게 책을 주제별로 분류한 것처럼 원소들도 체계적으로 분류한 것이 있을까요? 그것은 바로 원자 번호 순서로 원자를 배열하는 주기율표입니다. 주기율표를 해석하면 원소의 주기적인 성질에 따라 여러 정보를 확인할 수 있어요. 이러한 주기적인 특징들은 각각 원소의 주기와 족별로 서로 다르기 때문에 반드시 변화되는 과정을 이해하고 있어야 합니다.

자, 그럼 지금부터 주기율표와 각 주기적 성질들을 좀 더 자세하게 공부해 볼까요?

01

# 원소의 분류와 주기율표

## 주기율과 발전 과정

**주기율 넌 어떻게 등장했니?**
평소에 정리 정돈을 잘 하지 않는 선재는 지난달에 선생님이 준 수업 자료를 찾느라 정신이 없었어요. 결국 1시간이나 지나서야 겨우 찾아냈죠. 순간 이런 생각을 했어요.

역시 정리 정돈은 참으로 중요한 거구나. 만약 각 과목별로 정리를 미리 잘 해 놓았다면 어땠을까? 지금 우리가 편하게 사용하고 있는 주기율표도 일정한 규칙으로 원소를 정리한 선배 과학자들이 있었기 때문이라고 하던데, 그들은 누구일까?

주기율이 무엇인지 알고 있나요? 주기율이란 원소를 원자 번호 순서로 나열할 때 성질이 비슷한 원소들이 주기적으로 나타나는 법칙을 말합니다. 일 년을 주기로 날짜가 반복되는 것과 같은 원리이지요. 이렇게 주기율이 나타나는 원인은 바로 원자가 전자수 때문입니다. 즉 원소의 화학적 성질을 나타내는 원자가 전자수가 일정한 주기로 변하기 때문에 주기율이 나타나는 거예요.

이러한 주기율에 따라 반복적으로 나타내는 원소들을 좀 더 체계화시키려는 노력이 있었고, 그게 바로 **주기율표**의 기원이 되었습니다. 주기율표가 등장하는 과정에서 여러 명의 과학자들의 노력이 있었는데 그들은 바로 되베라이더, 뉼렌즈, 멘델레예프, 모즐리이지요.

먼저 1817년 독일의 되베라이더는 화학적인 성질이 비슷하고 물리적인 성질이 규칙적으로 변하는 세 가지의 원소들이 있다는 세 쌍 원소설을 주장했습니다. 이 원리는 화학적 성질이 비슷한 원소가 세 쌍씩 존재하는 경우가 많고, 세 원소를 원자량 순으로 나열했을 때 중간 원소의 원자량은 나머지 두 원소의 원자량을 평균한 값과 같다는 원리죠.

1865년 영국의 뉼렌즈는 원소를 원자량 순서로 나열하면 8번째마다 화학적 성질이 비슷한 원소들이 반복되는 규칙성이 있다는 옥타브설을 주장했습니다. 이 원리는 마치 음계의 옥타브처럼 8번째 원소마다 성질이 비슷한 원소가 나타나는 것을 근거로 하여 붙여진 것이지요.

1869년 러시아의 **멘델레예프**는 그 당시까지 발견된 63종의 원소를 원자량 순서로 나열하여 주기율표를 만들었는데, 이것이 바로 **최초의 주기율표**입니다. 멘델레예프는 당시에 발견되지 않는 원소들을 빈칸으로 두고 새로운 원소의 존재 가능성과 성질을 예측하기도 했는데 나중에 발견된 원소들이 그 예측과 거의 일치하였지요.

하지만 이후 원자량의 순서에 문제가 있다는 사실이 알려지자, 1913년 영국의 모즐리는 X선 연구를 통하여 원자핵의 양전하를 결정하는 새로운 방법을 알아냈어요. 이를 통해 원자량보다 원자 번호가 원소를 정렬하는 기준에 더 적합하다고 주장했죠. 이 방법은 현대의 주기율표라고도 해요. 이렇게 주기율표는 여러 과학자들의 노력에 의하여 탄생하게 되었답니다.


## 주기율표의 해석

주기율표에 비밀이 있다고?

"학교 숙제를 하기 위하여 도서관에 갔는데 책을 찾느라 무척이나 애를 먹었어. 그나마 검색대를 이용하니까 책을 찾기 쉬웠지, 그렇지 않았다면 책을 찾는 데 하루를 꼬박 낭비했을 거야."

이렇게 책을 찾던 현승이에게 문득 궁금한 점이 생겼어요.

도서관에서 책을 찾을 때는 검색대를 이용하면 되는데 여러 가지 원소들은 어떻게 찾지? 좀 더 쉽게 찾기 위해 주기율표를 이용한다고 하던데, 그럼 주기율표에는 어떤 비밀이 있는 걸까?

여러분은 앞서 현대 주기율표가 원자 번호 순서로 이루어져 있다는 사실을 공부했습니다. 그렇다면 주기율표 속에 숨은 원리는 무엇일까요? 먼저 주기율표는 화학적 성질이 비슷한 원소가 같은 세로줄에 오도록 배열하는 게 가장 기본이에요. 주기율표의 **가로줄을 주기**라고 부르고, **세로줄을 족**이라고 부르죠.

주기는 1~7주기까지 있고, 같은 주기의 원소들은 바닥상태에서 전자껍질 수가 모두 같아요. 족은 1~18족까지 있고, 같은 족의 원소들은 원자가 전자수가 같아서 화학적 성질이 모두 같습니다. 보통 1~2족은 원자가 전자수와 족의 끝자리가 일치하며, 13~17족은 10을 빼주면 일치하지요. 아울러 각 족에는 특이한 이름들이 있는데 **1족은 알칼리 금속, 2족은 알칼리 토금속, 17족은 할로겐 원소, 18족은 비활성 기체**입니다. 다음 그림은 현대의 주기율표예요.

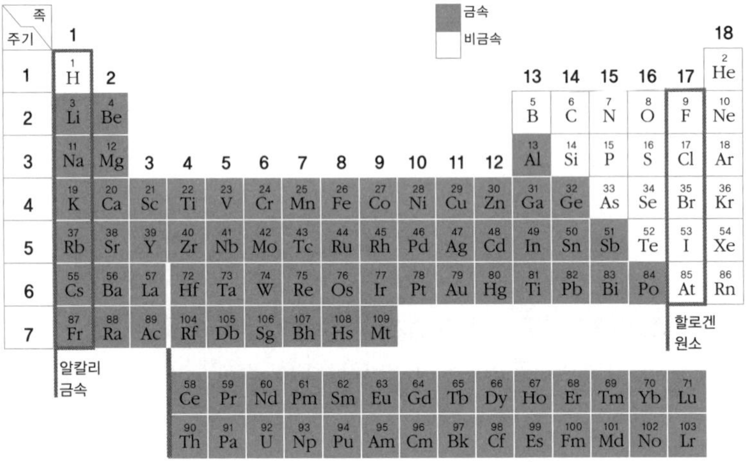

주기율표를 분석해 보면 크게 금속과 비금속, 준금속으로 나눌 수 있어요. 금속은 보통 주기율표의 왼쪽과 중간에 있으며, 원자 번호 1〜20번까지 중에서는 주로 1족과 2족, 13족에 있습니다. 비금속은 주기율표의 오른쪽에 있으며, 주로 14족부터 18족까지 입니다. 준금속의 경우에는 금속과 비금속의 구분이 명확하지 않은 원소를 말하며 대표적인 원소로는 붕소(B), 규소(Si), 저마늄(Ge) 등이 있지요.

보통 금속의 경우 왼쪽과 아래쪽으로 갈수록 금속성이 증가하고, 비금속은 오른쪽과 위쪽으로 갈수록 비금속성이 증가합니다. 여기에서 금속성이 증가한다는 말은 전자를 잃고 양이온이 되기 쉽다는 것이고, 비금속성이 증가한다는 말은 전자를 얻고 음이온이 되기 쉽다는 거죠. 이렇게 주기율표는 다양한 정보를 제공해 준다는 걸 기억해야 한답니다.

• **주기율의 발전**

주기율이란 원소를 원자 번호 순서로 나열할 때 성질이 비슷한 원소들이 주기적으로 나타나는 법칙을 말해요. 주기율표는 세 쌍 원소설, 옥타브설, 멘델레예프의 주기율표, 모즐리의 주기율표 등의 순서를 거치면서 체계화되지요. 오늘날의 주기율표는 원자 번호 순으로 나열한 모즐리의 주기율표예요.

• **주기율표의 해석**

주기율표의 가로줄은 주기라고 하며, 세로줄은 족이라고 해요. 주기는 1~7주기까지, 족은 1~18족까지 구성되어 있어요. 각 족에는 특이한 이름이 있으며 주기율표의 왼쪽에는 주로 금속이, 오른쪽에는 주로 비금속이 위치해요. 주기율표에서 금속성이 커진다는 것은 전자를 잘 잃어버린다는 뜻이며, 비금속성이 커진다는 것은 전자를 잘 얻는다는 뜻이 돼요.

# 원소의 주기적 성질

## 원자 반지름과 이온 반지름

원자 반지름과 이온 반지름은 서로 달라요!

"어느 날 영화에서 주인공이 자신만의 노력으로 멋지게 피아노를 연주하는 모습을 봤어요. 어떻게 저렇게 멋지게 피아노를 연주할 수 있을까 하는 생각이 들었어요. 그것도 독학으로 말이죠."

순간 준수는 궁금한 점이 생겼어요.

피아노의 음계가 다른 것처럼 우리가 알고 있는 원자들도 마찬가지인데… 그러면 원자들의 반지름에는 규칙성이 있을까? 만약 이온이 된다면 어떻게 변할까?

원자의 크기가 너무나 작다는 사실은 이미 앞에서 공부했습니다. 그렇다면 이렇게 작은 원자의 반지름은 어떻게 구할까요? 사실 원자의 반지름을 명확하게 정의하는 것은 불가능하다고 봐야 해요. 그 이유는 현대 원자 모형이 확률적인 오비탈을 사용하기 때문인데, 핵으로부터의 거리가 멀어지더라도 전자가 발견될 확률이 0이 되지 않아서입니다. 따라서 인접한 두 원자의 원자핵 사이의 거리를 측정하고, 그 거리의 절반으로 원자 반지름을 정의하는 게 일반적이죠.

이러한 원자 반지름에 영향을 주는 요인이 두 가지 있습니다. 하나는 전자껍질 수이고 또 하나는 유효 핵전하예요. 먼저 전자껍질 수는 같은 족에서 원자 번호가 클수록 증가하며, 전자껍질 수가 늘어날수록 핵에서부터 원자가 전자가 점점 멀어지기 때문에 원자 반지름이 증가하게 돼요. 예를 들어 1족 원소인 리튬(Li), 나트륨(Na), 칼륨(K)은 원자 번호가 증가할수록 전자껍질 수가 늘어나 원자 반지름이 커지게 됩니다. 다음은 같은 족의 원자 반지름을 비교한 그림이에요.

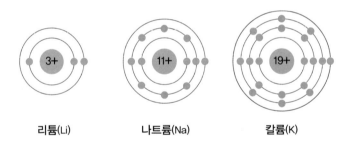

리튬(Li)　　　　나트륨(Na)　　　　칼륨(K)

유효 핵전하의 경우는 같은 주기에서 원자 번호가 클수록 증가합니다. 전자가 여러 개 있는 원자에서는 전자 사이의 반발력이 전자에 작용하는 원자핵의 인력을 약하게 만들기 때문이죠. 이를 가로막기 효과라고 불러요. 이러한 가로막기 효과를 인하여 원자 반지름이 점점 감소하게 됩니다. 예를 들어 2주기 원소인 리튬(Li), 베릴륨(Be), 붕소(B), 탄소(C)의 경우에는 원자 번호가 증가할수록 유효 핵전하가 점점 커지므로 인력이 증가하여 원자 반지름이 작아지게 되지요.

따라서 원자 반지름은 일정한 주기성을 나타내게 되는데, 같은 족에서는 원자 번호가 증가할수록 원자 반지름이 점점 커지고 같은 주기에서는 점점 감소합니다. 다음은 같은 주기의 원자 반지름을 비교한 그림이에요.

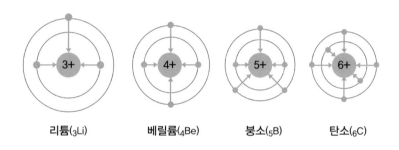

리튬($_3$Li)    베릴륨($_4$Be)    붕소($_5$B)    탄소($_6$C)

이번에는 **이온 반지름**에 대하여 알아봅시다. 이온의 경우 양이온과 음이온이 서로 다르기 때문에 유의할 필요가 있어요. 먼저 양이온은 금속 원소가 이에 해당하며, 전자를 잃어버리고 양이온이 되면 반지름이 처음 상태일 때보다 작아집니다. 금속이 양이온이 되면 전자껍질 수가 처음보다 줄어들게 되어 반지름이 감소하기 때문이에요. 반면 음이온은 비금속 원소가 이에 해당하며 전자를 얻어서 음이온이 되면 반지름이 처음 상태일 때보다 커집니다. 비금속이 음이온이 되면 전자의 수가 처음보다 증가하여 전자 사이의 반발력이 커지므로 반지름이 증가하기 때문이지요.

예를 들어 원자 번호 11번인 금속 나트륨(Na)은 전자를 잃어버려 나트륨 이온($Na^+$)이 되면 반지름이 감소하며, 원자 번호 9번인 비금속 플루오린(F)은 전자를 얻어 플루오린화 이온($F^-$)이 되면 반지름이 증가하는 겁니다. 다음은 금속과 비금속의 이온 반지름의 변화를 비교한 그림이에요.

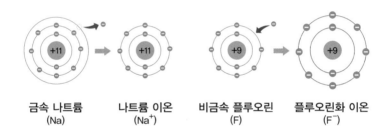

금속 나트륨　　나트륨 이온　　비금속 플루오린　　플루오린화 이온
(Na)　　　　　($Na^+$)　　　　　(F)　　　　　　($F^-$)

따라서 이온 반지름도 원자 반지름처럼 일정한 주기성이 있는데, 같은 족에서는 양이온과 음이온의 반지름은 원자 번호가 클수록 크다는 겁니다. 그 이유는 전자껍질 수가 많아지기 때문이지요. 같은 주기에서는 원자 번호가 클수록 양이온과 음이온의 반지름이 작은데, 유효 핵전하가 증가하여 핵과 원자가 전자 사이의 인력이 증가하기 때문이에요. 다음은 1, 2주기 원소의 원자 반지름과 이온 반지름의 변화를 비교한 그림입니다.

| 1족 | | 2족 | | 13족 | | 16족 | | 17족 | |
|---|---|---|---|---|---|---|---|---|---|
| Li | Li⁺ | Be | Be²⁺ | B | B³⁺ | O | O²⁻ | F | F⁻ |
| 152 | 90 | 90 | 59 | 82 | 41 | 73 | 126 | 71 | 119 |
| Na | Na⁺ | Mg | Mg²⁺ | Al | Al³⁺ | S | S²⁻ | Cl | Cl⁻ |
| 154 | 116 | 130 | 86 | 118 | 68 | 102 | 170 | 99 | 167 |

이온 반지름에서 유의해야 할 부분이 있는데, 바로 등전자 이온의 반지름입니다. 등전자 이온이란, 전자의 수는 같은데 양성자수가 다른 이온들을 말해요. 일반적으로 등전자 이온은 원자 번호가 클수록 핵전하가 증가하고 전자를 잡아당기는 인력이 커지므로 이온 반지름이 작아지는 경향이 있습니다. 따라서 같은 수의 전자를 가지고 있더라도 양성자수가 많아지면 핵전하가 점점 커져 반지름이 작아진다는 거죠. 예를 들어 전자수가 10개인 네온(Ne)의 전자 배치인 $1s^2 2s^2 2p^6$를 가지고 있는 이온들 $_8O^{2-}$, $_9F^-$, $_{11}Na^+$, $_{12}Mg^{2+}$, $_{13}Al^{3+}$ 가 있다고 하면 이온 반지름의 크기는 다음과 같이 나타낼 수 있습니다.

$$_8O^{2-} \rangle\ _9F^- \rangle\ _{11}Na^+ \rangle\ _{12}Mg^{2+} \rangle\ _{13}Al^{3+}$$

이렇게 원자 반지름과 이온 반지름은 서로 비슷하지만 다르며 이를 구별할 수 있도록 그 개념을 명확하게 알고 있어야 한답니다.

# 이온화 에너지와 순차적 이온화 에너지

이온화 에너지와 순차적 이온화 에너지의 숨겨진 비밀!

"어느 액션 영화에서 주인공 혼자서 악당 수십 명을 물리치는 장면이 나왔어요. 마지막 장면에서는 두목과 싸우는 장면이 정말 압권이었죠. 정말 주인공은 대단하다는 생각을 하면서도 우와, 역시 두목은 물리치는 게 참 어렵구나 하는 생각을 했어요."

영화를 보고 난 후 문득 재훈이는 궁금한 점이 생겼어요.

저렇게 보통의 악당은 쉬운데 두목과 싸울 때 힘이 많이 드는 것처럼, 원자를 구성하는 전자들을 떼어 내는 것에도 힘든 것과 쉬운 것이 있을까? 만약 그렇다면 왜 그런 일이 생기는 걸까?

여러분은 이온화 에너지라는 말을 들어 본 적 있나요? 이온화 에너지란 기체 상태의 원자에서 전자 1개를 떼어 내는 데 필요한 에너지를 말합니다. 만약 이온화 에너지가 작다면 전자를 떼어 내기 쉬워 양이온이 되는 경향이 크다는 의미이고, 그 반대로 이온화 에너지가 크다면 양이온이 되기 경향이 작다는 말이지요. 다음은 이온화 에너지를 나타내는 반응식입니다.

$$M(g) + E \rightarrow M^+(g) + e^-$$

($E$: 이온화 에너지)

이온화 에너지도 주기율표에서 족과 주기에 따라 다르게 나타납니다. 먼저 같은 족에서는 원자 번호가 증가할수록 전자껍질 수가 많아져서, 핵과 원자가 전자 사이의 거리가 멀어지게 되지요. 그 결과 인력이 점차로 작아지므로 이온화 에너지가 감소하게 됩니다.

하지만 같은 주기에서는 원자 번호가 증가할수록 유효 핵전하가 증가하여 핵과 원자가 전자 사이의 인력이 점점 커지므로, 이온화 에너지는 대체로 증가하는 경향을 나타내게 됩니다. 따라서 이온화 에너지는 족과 주기에 따라 다른 경향을 보이게 돼요. 다음은 2, 3주기 원소들의 이온화 에너지의 변화를 나타낸 그림입니다.

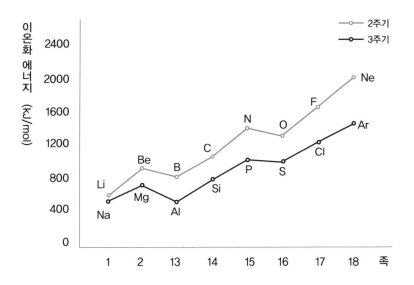

그런데 여기에서 이온화 에너지 주기를 보면 2족보다 13족이 더 작고 15족보다 16족이 더 작게 나타나는 특이점을 발견하게 됩니다. 왜일까요? 2족의 오비탈 배치를 보면 s 오비탈에 전자를 모두 채우지만, 13족은 s 오비탈을 채우고 난 후 p 오비탈에 전자가 1개만 들어가지요. 그 결과 전자를 떼어 낼 때는 13족의 p 오비탈에서 전자를 떼어 내는 게 상대적으로 더 쉽게 되어 2족보다 13족의 이온화 에너지가 더 낮아지게 되는 겁니다.

또, 16족의 p 오비탈에 전자가 2개가 들어가서 쌍을 이루어 배치가 되면 전자 간의 반발력이 작용하게 됩니다. 이렇게 되면 에너지가 커져서 상대적으로 쉽게 전자를 떼어내어 이온화가 될 수 있게 되죠. 반면 15족의 경우에는 p 오비탈에 홀전자만 있어서 상대적으로 안정한 전자 배치를 하게 되지요. 따라서 이온화 에너지는 같은 주기의 경우 유의해야 할 특이점들을 잘 기억해야 합니다.

이번에는 전자를 1개만 떼어 내는 것이 아니라 2개, 3개, 순차적이고 연속적으로 떼어 내는 경우를 알아봅시다. 이러한 경우를 순차적 이온화 에너지라고 하지요. 이러한 순차적 이온화 에너지는 기체 상태의 원자에서 전자를 1개씩 순서대로 떼어 내는 데 필요한 에너지를 말합니다. 다음은 순차적 이온화 에너지를 나타낸 반응식이에요.

$$M(g) + E_1 \rightarrow M^+(g) + e^-$$

($E_1$: 제일 이온화 에너지)

$$M^+(g) + E_2 \rightarrow M^{2+}(g) + e^-$$

($E_2$: 제이 이온화 에너지)

$$M^{2+}(g) + E_3 \rightarrow M^{3+}(g) + e^-$$

($E_3$: 제삼 이온화 에너지)

순차적 이온화 에너지의 경우 전자의 수가 감소할수록 전자 사이의 반발력이 감소하고 유효 핵전하가 증가하므로, 전자를 떼어 낼수록 점점 에너지가 증가하게 됩니다. 따라서 차수가 증가할수록 이온화 에너지는 점점 증가하죠.

또, 순차적 이온화 에너지를 통하여 원소의 원자가 전자수를 예측할 수 있는데, 에너지 값이 급격하게 증가하기 직전까지 떼어 낸 전자수가 바로 원자가 전자라는 것입니다. 원자가 전자를 모두 떼어 낸 다음에는 안쪽 껍질의 전자를 떼어 내야 하므로, 순차적 이온화 에너지 값이 급격하게 증가할 수밖에 없는 거죠.

다음은 원자 번호 12번 마그네슘(Mg)의 예입니다. 마그네슘의 경우 3차 이온화 에너지의 값이 급격히 증가하는데, 그 이유는 원자가 전자수가 두 개이기 때문이죠. 세 번째의 경우는 안쪽 껍질의 전자를 떼야 하므로 에너지 값이 급격히 커지게 된 겁니다.

$$Mg(g) \rightarrow Mg^+(g) + e^-$$

$$(E_1 = 735kJ/mol)$$

$$Mg^+(g) \rightarrow Mg^{2+}(g) + e^-$$

$$(E_2 = 1,445kJ/mol)$$

$$Mg^{2+}(g) \rightarrow Mg^{3+}(g) + e^-$$

$$(E_3 = 7,730kJ/mol)$$

이번에는 같은 주기의 예로 3주기인 나트륨(Na), 마그네슘(Mg), 알루미늄(Al)의 순차적 이온화 에너지를 비교해 봅시다. 다음 표를 보면 각 원소의 순차적 이온화 에너지의 변화와 원자가 전자수를 비교해 볼 수 있어요.

| 원자 | 전자 배치 | | | 이온화 에너지(kJ/mol) | | | | 원자가 전자수 |
|------|----|----|----|-------|-------|-------|-------|--------|
| | K | L | M | $E_1$ | $E_2$ | $E_3$ | $E_4$ | |
| $_{11}$Na | 2 | 8 | 1 | 469 | 4,565 | 6,916 | 9,543 | 1 |
| $_{12}$Mg | 2 | 8 | 2 | 738 | 1,443 | 7,694 | 10,569 | 2 |
| $_{13}$Al | 2 | 8 | 3 | 578 | 1,816 | 2,745 | 11,577 | 3 |

나트륨의 경우에는 2차에서 마그네슘의 경우에는 3차에서 알루미늄의 경우에는 4차에서 에너지 값이 급격히 증가하는 걸 확인할 수 있습니다. 따라서 원자가 전자수는 1개, 2개, 3개가 되는 거죠.

이처럼 이온화 에너지는 원자들이 가지고 있는 고유한 성질이에요. 순차적 이온화 에너지를 통하여 원자의 성질도 유추해 낼 수 있기 때문에 참 많은 정보를 얻을 수 있답니다.

- **원자 반지름과 이온 반지름의 구분**

원자 반지름은 인접한 두 원자의 원자핵 사이의 거리를 측정하고, 그 거리의 절반으로 나타내요. 원자 반지름에 영향을 주는 요인은 전자껍질 수와 유효 핵전하가 있지요. 원자 반지름은 같은 족에서 원자 번호가 증가함에 따라 전자껍질 수가 증가하고, 이로 인해 반지름이 커져요. 같은 주기에서는 반대의 결과가 나오지요. 이온 반지름은 양이온과 음이온이 서로 달라요. 금속은 양이온이 되면 전자껍질 수가 줄어들어 반지름이 작아지고, 비금속은 음이온이 되면 전자 사이의 반발력이 증가하여 반지름이 커지게 돼요.

- **이온화 에너지와 순차적 이온화 에너지의 비교**

이온화 에너지는 기체 상태의 원자에서 전자 1개를 떼어 내는 데 필요한 에너지를 말해요. 같은 족에서는 원자 번호가 증가함에 따라 인력이 작아져서 이온화 에너지가 감소하고, 같은 주기에서는 원자 번호가 증가함에 따라 인력이 커져서 이온화 에너지가 증가해요. 순차적 이온화 에너지는 기체 상태의 원자에서 전자를 1개씩 순서대로 떼어 내는 데 필요한 에너지를 말해요. 순차적 이온화 에너지는 원소의 원자가 전자수를 예측하는데, 에너지 값이 급격하게 증가하기 직전까지가 원자가 전자라는 거예요. 원자가 전자를 모두 떼어 낸 다음에는 안쪽 껍질의 전자를 떼어 내야 하므로 에너지 값이 급격하게 증가할 수밖에 없다는 거죠.

01 다음은 학생 A가 현대적인 주기율표에 대한 형성 평가에 답한 내용이다.

〔가~다〕 현대적인 주기율표에 대한 설명 중 옳은 것은 'ㅇ', 옳지 않은 것은 'x'로 답하시오.

가. 원소를 원자량 크기 순으로 배열하였다.

답: ( ㅇ )

나. 같은 족 원소는 양성자 수가 같아 화학적 성질이 비슷하다.

답: ( x )

다. 같은 주기 원소는 바닥 상태에서 전자가 들어 있는 전자 껍질 수가 같다.

답: ( ㅇ )

학생 A가 옳게 답한 문항만을 있는 대로 고른 것은?

① 가    ② 나    ③ 가, 다    ④ 나, 다    ⑤ 가, 나, 다


02 그림은 바닥상태인 2주기 원자 A~D의 홀전자 수와 이온화 에너지를 나타낸 것이다.

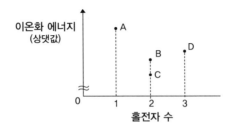

이에 대한 설명으로 옳은 것만을 〈보기〉에서 있는 대로 고른 것은? (단, A~D는 임의의 원소 기호이다)

---〈보기〉---

ㄱ. 원자 반지름은 A가 B보다 크다.

ㄴ. 이온 반지름은 B가 A보다 크다.

ㄷ. 원자가 전자가 느끼는 유효 핵전하는 C가 D보다 크다.

① ㄱ　② ㄴ　③ ㄷ　④ ㄱ, ㄴ　⑤ ㄴ, ㄷ

• 정답 및 해설 •

## 1. 현대적인 주기율표를 잘 이해하고 문제를 풉니다.

가. 현대적인 주기율표에서는 원소를 원자 번호 순으로 배열하였습니다. **따라서 답은 ×이므로 틀린 보기입니다.**

나. 같은 족 원소는 원자가 전자수가 같고 화학적 성질이 일반적으로 비슷합니다. **따라서 답은 ×이므로 맞는 보기입니다.**

다. 같은 주기의 원소들은 바닥상태에서 전자가 들어 있는 전자껍질의 수가 일치한다. **따라서 답은 ○이므로 맞는 보기입니다.**

∴ **정답은 ④입니다.**

2. 원소의 주기적 성질을 이해하고 문제를 풉니다. 바닥상태 전자 배치에서 2주기 원소의 홀전자 수는 다음과 같습니다.

| Li | Be | B | C | N | O | F | Ne |
|----|----|---|---|---|---|---|----|
| 1 | 0 | 1 | 2 | 3 | 2 | 1 | 0 |

2주기 원소의 이온화 에너지는 원자 번호가 증가할수록 대체로 증가하므로, 홀전자 수를 비교했을 때 D는 질소(N)입니다. D보다 이온화 에너지가 큰 A는 플루오린(F), 홀전자 수가 두 개인 B와 C에서 이온화 에너지가 큰 B는 산소(O), C는 탄소(C)가 됩니다.

ㄱ. 같은 주기에서 원자 번호가 증가할수록 원자 반지름은 감소합니다. 따라서 원자 반지름 크기는 C〉D〉B〉A입니다. **따라서 틀린 보기입니다.**

ㄴ. 이온 반지름은 B가 A보다 큽니다. **따라서 맞는 보기입니다.**

ㄷ. 같은 주기에서 원자 번호가 증가할수록 유효 핵전하는 증가합니다. 따라서 유효 핵전하의 크기는 A〉B〉D〉C가 됩니다. **따라서 틀린 보기입니다.**

∴ 정답은 ②입니다.

## 돌턴의 원자설

원자에 대한 과학 연구는 정말 많았습니다. 그 중에서도 원자에 대해 설명하는 데 큰 역할을 한 과학자가 있었는데, 그는 바로 영국의 과학자인 돌턴이에요. 그는 원자에 대해 설명하기 위한 가설을 수립했는데, 그게 바로 '돌턴의 원자설'입니다. 이 원자설에 대하여 하나씩 살펴봅시다.

첫 번째로 "모든 물질은 원자라고 하는 더 이상 쪼갤 수 없는 입자로 되어 있다."라고 주장했어요. 하지만 이 가설은 훗날 핵 반응에 의하여 원자가 쪼개지게 되면서 틀린 것으로 증명되었습니다.

두 번째로 "같은 원소의 원자들은 크기와 질량 및 성질이 같으며, 다른 원소의 원자들은 크기와 질량 및 성질이 다르다."라는 내용이었어요. 하지만 이 가설도 나중에 동위원소가 발견되면서, 같은 원소라 할지라도 질량이 다른 것이 존재한다는 걸 알게 되었죠. 결국 이것도 틀린 것으로 확인되었습니다.

세 번째로 "화학 반응이 일어날 때 원자는 없어지거나 새로 생겨나지 않는다."라고 했습니다. 이 가설은 실험을 통하여 질량보존의 법칙으로 증명할 수 있었지요. 따라서 옳은 것으로 확인되었습니다.

네 번째로 "두 종류 이상의 원자가 결합하여 하나의 화합물을 만들 때 각 원소의 원자는 간단한 정수비로 결합한다."고 했습니다. 이 가설은 실험을 통하여 일정 성분비의 법칙을 증명할 수 있었지요. 따라서 옳은 것으로 확인되었습니다.

　이렇듯 돌턴의 네 가지 원자설은 여러 과학자들에 의하여 사실 유무가 모두 증명되었습니다. 분명 그의 가설이 틀린 부분도 있었어요. 하지만 돌턴의 가설이 원자의 개념을 처음으로 정리하는 데 많은 영향을 준 것만은 확실하답니다.

모든 물질은 원자라고 하는 더 이상 쪼갤 수 없는 입자로 되어 있다!

Chapter
5

# 화학 결합

## 6교시 화학 시간

·

"오늘 학교에서 물에 대한 다양한 실험들을 해 보았어요. 그런데 털가죽으로 문지른 플라스틱 막대를 가까이 가지고 가자 물이 휘어지는 현상을 발견했지요. 그리고 어떤 경우에는 물이 휘어져서 마치 흩날리는 모양을 하고 있는 것도 있었어요. 우와, 이럴 수가! 어떻게 물이 이렇게 휘어질까요? 자석이라도 달린 걸까요?"

물은 강한 극성을 가지고 있는 물질로써 대전체를 가까이 하면 휘어지는 성질을 가지고 있습니다. 물이 가지고 있는 성질들은 참으로 다양하기 때문에 우리는 그 특이한 성질에 대하여 잘 알고 있어야 하지요. 이번 단원에서는 다양한 화학 결합에 대하여 알아보고 이들이 가지고 있는 특이한 구조에 대해서 공부할 겁니다.

자, 지금부터 화학 결합에 대하여 하나씩 알아보기로 할까요?

# 화학 결합의 성질

## 결합과 전자

화학 결합? 그럼 전자는 무슨 역할을 하지?
"과학 관련 TV 프로그램에서 물을 전기 분해하여 얻은 기체를 이용해 미니 로켓을 발사하는 장면이 나왔어요. 물이 분해되면 수소 기체와 산소 기체가 발생하는데, 이게 전자를 주고받는 화학 반응에 의하여 두 기체가 만들어진다는 내용이 나왔지요."
이 프로그램을 보고 난 후 세완이에게 궁금한 점이 생겼어요.

아니, 저런 일이 어떻게 가능하지? 물이 분해되면 수소와 산소가 나온다니… 그게 전자를 주고받아서 만들어지는 거라고? 어떻게 전기 분해로 이런 일이 가능할까?

앞에서 원자를 구성하는 입자 중의 하나인 전자에 대하여 공부했습니다. 그런데 이러한 전자가 대표적인 화학 결합인 **이온 결합과 공**

유 결합에 관여한다는 사실을 들어본 적 있나요? 먼저 이온 결합에 대한 것부터 살펴보도록 합시다.

이온 결합은 양이온과 음이온이 정전기적 인력에 의하여 결합되는 것으로, 가장 대표적인 예로 염화나트륨($NaCl$)이 있지요. 염화나트륨이 고체 상태일 때는 이온들이 자유롭게 이동하지 못하여 전류를 흐르게 할 수 없지만, 열을 가하여 액체가 되면 자유롭게 이동하며 움직일 수 있게 됩니다. 그 결과 양이온은 (−)극으로, 음이온은 (+)극으로 이동하여 전류가 흐르게 되는 거죠. 다음은 고체 상태와 액체 상태의 염화나트륨의 차이를 그림으로 나타낸 것입니다.

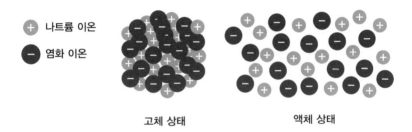

| | | |
|---|---|---|
| + 나트륨 이온 | 고체 상태 | 액체 상태 |
| − 염화 이온 | | |

액체 염화나트륨 용액을 전기 분해하면 (−)극에는 금속 나트륨이, (+)극에는 염소 기체가 발생하게 됩니다. 이렇게 전기 분해가 가능한 것은 전자 때문인데, 이온이 양극으로 이동하여 전자를 주고받음으로써 전기 분해가 됩니다. 이 전기 분해를 통하여 이온 결합 물질이 형성될 때 전자가 관여한다는 걸 알 수 있지요.

공유 결합은 비금속 원소가 전자를 공유하여 이루어지는 화합물로, 물($H_2O$)이 가장 대표적이에요. 물은 공유 결합 물질로써 자유롭게 이동할 수 있는 이온이나 전자를 가지고 있지 않아 고체나 액체 상태 모두 전기를 전달하는 성질이 없지요. 또한 물이 순수한 상태에서는 전기 분해를 할 수 없어요. 그렇기 때문에 황산나트륨과 같은 전해질을 넣어 준 후 전기 분해를 하여 성분 물질을 분해합니다. 즉 (−)극에서는 물($H_2O$)이 전자를 얻어 수소($H_2$) 기체를, (+)극에서는 물($H_2O$)이 전자를 잃어 산소($O_2$) 기체가 발생하지요. 다음은 물의 전기 분해 장치를 나타낸 것입니다.

**물의 전기 분해 장치**

여기서 기체 발생량은 수소 기체가 산소 기체보다 2배 더 많다는 사실을 기억해야 합니다. 그 이유는 기체의 부피비가 2:1로 생성되기 때문이죠. 이렇게 공유 결합 물질인 물에 전류를 흘려주면 전기 분해된다는 사실은, 이온 결합과 마찬가지로 공유 결합에서도 전자가 결합에 관여한다는 걸 증명하는 거예요. 이처럼 **전자는 대표적인 화학 결합인 이온 결합과 공유 결합에 관여하고 있습니다.**

## 옥텟 규칙의 중요성

화학 결합과 옥텟 규칙의 수상한 관계

"어느 날 영화를 보는데 경찰과 조직 폭력배가 손을 잡고 살인마를 검거하는 장면이 나왔어요. 현실적으로 불가능한 일이긴 하지만 다행히 사건이 해결되었죠. 우와, 정말 속이 다 시원하더라구요."
영화를 본 후 민서는 궁금한 점이 생겼어요.

경찰과 조직 폭력배가 손을 잡는 것처럼, 화학 시간에 배운 화학 결합과 옥텟 규칙 사이에도 이런 관계가 있을까? 서로 간에 영향을 주는 것이 분명히 있다고 했는데….

여러분은 화학 결합이 왜 일어나는지 알고 있나요? 지구상에 존재하는 원자 중에서 결합을 하지 않는 대표적인 원자로는 18족인 비활성 기체들이 있습니다. 이 비활성 기체가 화학 결합을 하지 않는 이유는 가장 바깥 전자껍질에 8개의 전자(단, 헬륨은 2개)가 배치되어 안정화됐기 때문이지요. 비활성 기체처럼 가장 바깥 껍질에 8개의 전자를 채워 안정된 전자 배치를 가지려는 경향을 **옥텟 규칙**이라고 합니다.

18족을 제외한 원자들은 가장 바깥 껍질에 8개의 전자를 채워야 하므로 어떻게든 전자를 잃거나 얻고 또는 공유하여 결합을 하게 되는 것입니다. 화학 결합이 일어나는 가장 큰 원인은 결합을 통하여 8개의 전자를 채워서 안정화되기 위해서이지요. 그 결과 이온 결합의 경우에는 전자를 잃은 양이온과 전자를 얻은 음이온이 서로 결합하여 만들어집니다.

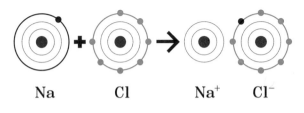

**이온 결합의 예 [염화나트륨(NaCl)]**

반면 공유 결합의 경우에는 서로 전자쌍을 공유하여 옥텟 규칙을 만족하며 이루어지는 결합을 하게 되지요.

$$:\overset{..}{\underset{..}{Cl}}\cdot + \cdot\overset{..}{\underset{..}{Cl}}: \longrightarrow :\overset{..}{\underset{..}{Cl}}:\overset{..}{\underset{..}{Cl}}:$$

■■ 비공유 전자쌍
•• 공유 전자쌍

**공유 결합의 예 [염소($Cl_2$)]**

이처럼 이온 결합이나 공유 결합과 같은 화학 결합은 옥텟 규칙을 만족하기 위하여 서로 결합하는 관계를 가지고 있답니다.

- **화학 결합에서 전자의 중요성**

  화학 결합에서 전자는 결합에 관여하는 역할을 해요. 화학 결
  합 중 이온 결합에서는 전자를 주고받음으로써 결합을 하게
  되고, 공유 결합에서는 서로 전자를 공유함으로써 결합을 하
  게 되지요.

- **화학 결합과 옥텟 규칙의 관계**

  이온 결합의 경우에 전자를 잃거나 얻어서 이온이 되면 옥텟
  규칙을 만족하게 돼요. 반면 공유 결합의 경우에는 전자쌍을
  공유하면서 만족하지요. 이렇게 원자들이 이온 결합이나 공
  유 결합과 같은 화학 결합을 하는 이유는 옥텟 규칙을 만족하
  는 18족 원소처럼 안정화되기 위해서예요.

# 이온 결합

## 이온 결합의 형성

이온 결합과 그 속에 숨겨진 비밀

"어느 날 드라마에서 남녀 주인공이 주위의 수많은 반대를 이겨내고 마침내 결혼을 하는 장면을 보았어요. 늘 봐 왔던 소재들과 비슷해서 조금은 식상했지만, 과연 현실에서도 저런 경우가 있을까 하는 생각은 했던 것 같아요."

드라마를 본 후 원영이는 궁금한 점이 생겼어요.

결혼과 같이 금속과 비금속도 서로 결합하는 이온 결합이 있다고 들었는데 이 결합에는 어떤 비밀이 숨어 있는 걸까? 그냥 결합이 되는 건 분명 아닐 것 같은데….

여러분은 앞에서 **이온 결합**이 어떤 결합인지에 대하여 간단하게 알아보았습니다. 하지만 이온 결합 속에는 다양한 비밀이 더 숨어 있지요. 지금부터 한 가지씩 살펴보도록 합시다.

첫 번째는 이온 결합이 이루어지는 과정이에요. 먼저 옥텟 규칙을 만족하기 위하여 원자가 전자들을 잃거나 얻게 됩니다. 전자를 잃으면 양이온이 되고, 얻으면 음이온이 되는 거죠.

가장 대표적인 예로는 원자 번호 11번인 나트륨(Na) 원자가 전자를 1개 잃어버리고 양이온인 나트륨 이온($Na^+$)이 되는 것과, 원자 번호 17번인 염소(Cl) 원자가 전자 1개를 얻어서 염화 이온($Cl^-$)이 되는 것이 있습니다. 이렇게 형성된 양이온과 음이온은 서로 가까이 접근하면 정전기적인 인력이 커지게 되는데, 이 힘에 의하여 이루어지는 결합이 바로 이온 결합이지요.

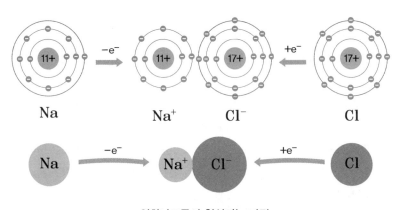

**염화나트륨이 형성되는 과정**

보통 이온 결합은 금속 양이온과 비금속 음이온 사이에서 아주 잘 일어나는 결합입니다. 하지만 여기서 유의할 점은 이온 결합이 일어날 때 인력과 함께 반발력도 작용한다는 거예요. 결국 이온 결합은 **인력과 반발력이 힘의 균형이 되는 위치**에서 결합이 되는 겁니다.

이온 결합의 순서를 다시 정리해 볼게요. 양이온과 음이온 사이의 거리($r$)가 가까워질수록 두 이온 사이에 작용하는 정전기적 인력에 의해 점차로 안정한 상태가 됩니다. 하지만 두 이온이 계속 접근하여 이온 사이의 거리가 너무 가까워지면 전자구름이 겹치게 되어 반발력이 커지므로 에너지 함량이 높아지고 불안정한 상태가 되지요.

따라서 양이온과 음이온은 인력과 반발력에 의한 에너지를 가장 낮은 거리($r_0$)에서 이온 결합을 형성하며, 이때 가장 안정한 상태가 됩니다.

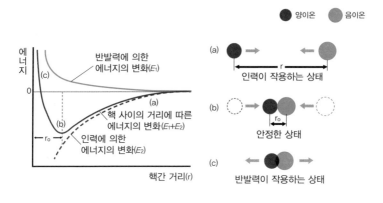

**이온 결합이 이루어지는 과정**

두 번째로는 이온 결합의 화학식과 그 이름입니다. 원자가 이온이 되면 보통 원소의 이름 뒤에 '-이온'이라는 명칭을 붙여서 사용하죠. 또 원소의 이름 뒤에 '-화 이온'이라는 명칭도 사용하는데, 앞에서 이온 결합의 예로 들었던 나트륨 이온($Na^+$)과 염화 이온($Cl^-$)이 다 그렇게 붙여진 이름입니다. 그 밖에는 칼륨 이온($K^+$), 구리 이온($Cu^{2+}$), 황화 이온($S^-$), 아이오딘화 이온($I^-$) 등이 있지요.

그렇다면 이 이온들이 결합한 이온 결합의 경우에는 어떻게 이름을 붙일까요? 이온 결합이 되면 양이온의 총 전하량과 음이온의 총 전하량이 같게 되어 전기적으로 중성이 되지요. 따라서 이온의 총 전하량은 0이 됩니다. 예를 들면 $A^{n+}$와 $B^{m-}$가 이루어지는 결합의 경우 $A_mB_n$의 화학식이 되는데, 전하량의 숫자가 서로 바뀌는 원리로 결합이 되는 것으로, m과 n이 1인 경우에는 보통 생략을 하고 2 이상인 경우만 표시합니다.

만약 양이온의 전하와 음이온의 전하가 같은 나트륨 이온($Na^+$)과 염화 이온($Cl^-$)의 경우는 화학식이 NaCl이 되며, 알루미늄 이온($Al^{3+}$)과 산화 이온($O^{2-}$)의 경우 $Al_2O_3$의 화학식이 되지요. 이런 화학식은 원래 붙였던 이온을 모두 빼고 읽으며, 음이온을 먼저 읽고 양이온을 나중에 읽습니다. 따라서 NaCl은 염화나트륨으로 읽고 $Al_2O_3$은 산화알루미늄이라고 읽지요. 여기에서 중요한 것은 반드시 전하량의 합은 0이 되어야 한다는 것입니다. 다음은 이온 결합의 화학식이 만들어지는 과정과 예를 나타낸 거예요.

$$A^{m+} + B^{n-} \longrightarrow A_nB_m$$

$$Ca^{2+} \, Cl^- \longrightarrow CaCl_2 \qquad Al^{3+} \, O^{2-} \longrightarrow Al_2O_3$$

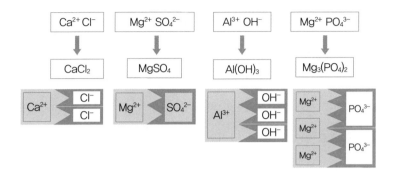

    이처럼 이온 결합이 이루어지는 과정과 화학식이 만들어지는 과정의 경우 특이한 원칙이 숨어 있으며, 그 결과에 따라 이온 결합이 이루어진답니다.


## 이온 결합의 성질

이온 결합은 어떤 성질을 가지고 있을까요? 이온 결합은 단지 1쌍의 양이온과 음이온이 결합하는 게 아니라, 수많은 양이온과 음이온이 3차원적으로 서로 둘러싸서 규칙적으로 결합하는 특징이 있습니다. 이런 구조에 의하여 이온 결합 물질에 힘을 가하면 이온층들이 밀리게 돼요. 이온층들이 밀리면 두 층의 경계면에 같은 전하를 띤 이온들이 겹치게 되고, 이온들 사이의 반발력에 의하여 쉽게 부스러지는 성질이 되지요. 다음은 외부의 힘에 의한 이온 결합의 성질을 나타낸 그림입니다.

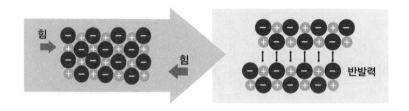

또한, 이온 결합 물질은 극성 용매인 물에도 잘 녹는 성질을 가지고 있습니다. 예를 들어 고체 상태인 염화나트륨을 물에 녹이면 나트륨 이온($Na^+$)과 염화 이온($Cl^-$)은 물 분자에 둘러싸여 안정한 상태로 존재하게 되지요. 아울러 이온 결합 물질의 경우 고체 상태에서는 이온들이 자유롭게 움직일 수 없어서 전기 전도성이 없으나, 액체나 수용액이 되면 이온들이 자유롭게 움직일 수 있어서 전기 전도성이 있게 됩니다.

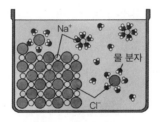

이온 결합의 물에 대한 용해성

**이온 결합의 수용액 상태에서의 전기 전도성**

    이온 결합 물질은 녹는점과 끓는점이 비교적 높으므로 대부분 상온에서 고체 상태로 존재하는데, 그 이유는 양이온과 음이온 사이에 강한 정전기적 인력이 작용하기 때문입니다. 아울러 이온 결합 물질의 녹는점과 끓는점을 결정하는 요인으로는 **이온 사이의 거리와 전하량**이 있어요. 즉 이온 사이의 거리가 짧고 전하량이 클수록 정전기적 인력이 증가하여 녹는점과 끓는점이 커집니다. 그렇다면 +1가 양이온과 −1가 음이온으로 이루어진 이온 결합 물질과 +2가 양이온과 −2가 음이온이 결합한 이온 결합 물질의 녹는점을 비교하면 어떨까요? 예를 들면 NaF와 CaO를 비교하면 녹는점이 CaO가 NaF보다 더 높습니다. 결국 이온 사이의 거리는 NaF가 CaO보다 더 짧지만 녹는

점이 반대라는 것은 전하량이 녹는점을 결정하는 데 더 큰 영향을 준다는 것을 보여주고 있지요. 다음은 대표적인 이온 결합 물질의 녹는점과 끓는점을 비교한 표인데, 여기에서 물질의 이온 사이의 거리와 전하량을 비교해 볼 수 있습니다.

| 성질 \ 전하량 \ 화합물 | 1가 양이온과 음이온 | | | 2가 양이온과 음이온 | |
|---|---|---|---|---|---|
| | NaF | NaCl | KI | MgO | CaO |
| 이온 간 거리(pm) | 230 | 270 | 353 | 205 | 239 |
| 녹는점(℃) | 870 | 800 | 723 | 2,800 | 2,572 |
| 끓는점(℃) | 1,676 | 1,413 | 1,330 | 3,600 | 2,850 |

이렇게 이온 결합 물질은 단순하게 결합만 하는 것이 아니라, 다양한 원리와 특징이 숨어 있다는 걸 기억해야 한답니다.

- **이온 결합은?**

  이온 결합은 금속 양이온과 비금속 음이온 사이의 정전기적 인력에 의한 결합이지요. 이온 결합의 화학식을 쓸 때는 전체 전하량 0에 맞춰서 써야 하며 음이온을 먼저 읽고 양이온은 나중에 읽는다는 것도 알아야 해요.

- **이온 결합의 성질**

  이온 결합 물질은 극성 용매에 잘 녹고 외부의 힘에 의해 부스러지기 쉬운 성질을 가지고 있어요. 녹는점과 끓는점도 높은 편이지요. 고체 상태에서는 이온이 움직일 수 없어 전기 전도성이 없지만, 액체나 수용액 상태에서는 이온이 자유롭게 움직일 수 있어 전기 전도성이 있지요. 이온 결합의 녹는점과 끓는점은 이온 사이의 거리가 짧고 전하량이 클수록 정전기적 인력이 증가하여 높아지게 돼요.

# 공유 결합

## 공유 결합의 형성

**공유 결합과 그 속에 숨겨진 비밀**

"어느 날 TV에서 우리나라를 포함한 수많은 나라들이 물 부족 국가라는 내용을 보았어요. 아울러 물은 다른 물질들과 달리 특이한 성질을 가지고 있으며 공유 결합이라는 특이한 결합으로 되어 있다는 것도 알게 되었죠."

순간 정현이는 궁금한 점이 생겼어요.

공유 결합은 과연 무엇일까? 이름 그대로 무언가를 공유하여 결합을 한다는 것 같긴 한데… 너무 궁금해!

여러분은 앞에서 **공유 결합**이 어떤 결합인지에 대하여 간단하게 알아보았습니다. 하지만 공유 결합도 이온 결합에 비교할 만큼 다양한 비밀이 숨어 있지요. 지금부터 하나씩 살펴보도록 합시다.

첫 번째는 공유 결합이 형성되는 과정입니다. 공유 결합은 비금속 원소들이 가지고 있는 전자들을 서로 공유하여 전자쌍을 이루며 이루어지는 결합인데요, 예를 들면 수소 원자 2개가 서로 전자를 1개씩 내놓아 전자쌍을 공유함으로써 수소 분자가 되는 경우예요. 이 경우 수소 분자는 마치 비활성 기체인 헬륨과 같이 안정한 전자 배치를 가지게 됩니다. 다음은 수소 분자가 공유 결합을 하는 것을 나타낸 그림입니다.

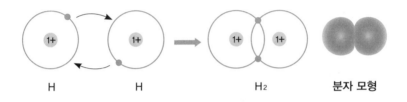

| H | H | | $H_2$ | 분자 모형 |

**수소 분자의 공유 결합**

하지만 공유 결합에서도 결합이 이루어지는 과정에서 인력과 반발력을 고려해야 합니다. 먼저 원자들의 핵에서 서로 멀리 떨어져 있으면 전자들의 공유 정도가 매우 적어 크게 영향을 주지 않아요. 그러다가 원자들의 인력에 의하여 핵 사이의 거리가 줄어들면 전자들의 공유에 따른 에너지는 커지고 반발력이 심해져서 오히려 불안정해지게 됩니다. 결국 원자들의 핵 사이의 반발에 의한 에너지 값과 전자들의 공유 정도에 의한 에너지의 합이 최소가 되는 지점이 존재하며, 안정적인 공유 결합을 형성하게 되는 거예요. 다음은 공유 결합이 이루어지는 과정을 나타낸 그림입니다.

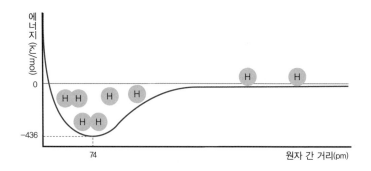

두 번째로는 공유 결합이 이루어질 때 형성하게 되는 전자쌍의 종류에 대한 것입니다. 전자쌍에는 공유 결합에 직접 참여하여 두 원자가 공유하고 있는 **공유 전자쌍**과 공유 결합에 참여하지 않는 **비공유 전자쌍**이 있지요. 이러한 전자쌍들은 좀 더 간편하게 쓸 수 있는데, 공유 전자쌍은 결합선(—)으로 나타내고 비공유 전자쌍은 보통 생략합니다.

또 결합하는 공유 전자쌍의 수에 따라 단일 결합·이중 결합·삼중 결합으로 나타낼 수 있어요. 단일 결합은 두 원자 사이에 1개의 공유 전자쌍을 가지고 있는 경우이고, 이중 결합은 2개의 공유 전자쌍을, 삼중 결합은 3개의 공유 전자쌍을 가지고 있는 경우를 말합니다. 따라서 단일 결합은 1개, 이중 결합은 2개, 삼중 결합은 3개의 결합선(—)으로 나타냅니다.

$$:\!\overset{\bullet\bullet}{\underset{\bullet\bullet}{F}}\!\cdot \;+\; :\!\overset{\bullet\bullet}{\underset{\bullet\bullet}{F}}\!\cdot \;\longrightarrow\; :\!\overset{\bullet\bullet}{\underset{\bullet\bullet}{F}}\!:\!\overset{\bullet\bullet}{\underset{\bullet\bullet}{F}}\!: \qquad F - F$$

$$:\overset{\displaystyle ..}{\underset{\displaystyle ..}{O}}\cdot + :\overset{\displaystyle ..}{\underset{\displaystyle ..}{O}}\cdot \longrightarrow \overset{\displaystyle ..}{\underset{\displaystyle ..}{O}}::\overset{\displaystyle ..}{\underset{\displaystyle ..}{O}} \qquad O=O$$

$$\cdot\overset{\displaystyle ..}{\underset{\displaystyle .}{N}}\cdot + \cdot\overset{\displaystyle ..}{\underset{\displaystyle .}{N}}\cdot \longrightarrow :\overset{\displaystyle ..}{N}:::\overset{\displaystyle ..}{N}: \qquad N\equiv N$$

이렇게 공유 결합이 이루어지는 과정과 화학식이 만들어지는 과정의 경우에는 일정한 원칙이 숨어 있으며 그 결과에 따라 공유 결합이 이루어진답니다.

## 공유 결합의 성질

**공유 결합! 넌 어떤 거야?**

"오늘 화학 시간에 염화나트륨과 설탕을 물에 녹여서 전류가 흐르는지 확인하는 실험을 했어요. 그런데 염화나트륨을 물에 녹이면 전류가 흐르는데 설탕을 녹인 물에서는 통하지 않았어요. 설탕이 공유 결합 물질이라서 그렇다고 배웠어요."

순간 영준이는 이런 생각을 하게 되었어요.

공유 결합 물질이라서 전류가 통하지 않는다구? 그러면 모든 공유 결합 물질이 다 그런 걸까? 아니면 설탕만 그런 걸까?

앞에서 공부했던 공유 결합은 어떤 성질을 가지고 있을까요? 먼저 공유 결합 물질은 대부분 상온에서 기체와 액체로 되어 있으며, 주로 분자 상태로 존재합니다. 아울러 이온 결합 물질과 비교해 보면 녹는점과 끓는점이 낮은 물질이 많지요. 또 고체와 액체 및 수용액 상태에서도 모두 전기를 통하게 하는 이온을 형성하지 못하여 전기 전도성이 없습니다.

하지만 모든 공유 결합 물질이 전기 전도성이 없는 것은 아니고, 흑연·탄소나노튜브 등은 전기 전도성이 있어 전류가 통하니 유의해야 해요. 아울러 수용액 상태에서 전류를 통하게 하는 물질도 있습니다. 염산($HCl$), 황산($H_2SO_4$), 암모니아($NH_3$) 등이 대표적이죠. 이 물질들은 물에 녹으면 수소 이온($H^+$)이나 수산화 이온($OH^-$)을 낼 수 있어서 전류가 흐릅니다.

공유 결합 물질 중에는 원자들이 공유 결합을 하여 형성된 분자로 이루어진 고체도 있습니다. 이 물질을 분자 결정 또는 분자성 고체라고 하지요. 대표적으로 얼음, 드라이아이스, 아이오딘, 나프탈렌 등이 있습니다. 이들은 분자 사이에 작용하는 인력이 매우 약하여 쉽게 부서지고 녹는점도 낮으며 승화성이 있어요.

원자들이 공유 결합을 하는 경우 분자를 이루지 않고 그물처럼 연결되어 형성된 물질도 있는데, 이를 공유 결정 또는 원자 결정이라고 합니다. 대표적인 물질로 석영, 다이아몬드, 흑연 등이 있습니다. 이들은 모든 원자들이 공유 결합으로 강하게 연결되어 있어서 녹는

점이 매우 높고 단단한 성질을 가지고 있지요.

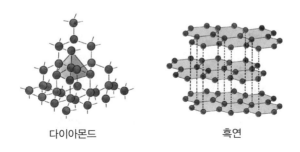

다이아몬드           흑연

**다이아몬드와 흑연의 구조**

이렇게 공유 결합 속에 다양한 원리와 특징이 숨어 있다는 것을 기억해야 한답니다.

• **공유 결합은?**

　공유 결합은 비금속 원자들이 전자를 서로 내놓은 전자쌍을 공유하여 이루어지는 결합이에요. 공유 결합은 루이스 전자점식이나 결합선을 이용하여 표시하는 방법을 많이 사용해요.

• **공유 결합의 성질**

　공유 결합 물질은 분자 상태로 존재하여 이온 결합 물질보다 낮은 녹는점과 끓는점을 가지고 있어요. 고체 · 액체 · 수용액 상태에서는 이온을 만들지 못하여 전기 전도성이 없지요. 분자 결정과 원자 결정은 서로 다릅니다. 분자 결정은 인력이 약하여 쉽게 부서지고 녹는점도 낮으며 승화성이 있고, 원자 결정은 녹는점이 매우 높으며 단단한 성질을 가지고 있어요.

# 금속 결합

## 금속 결합의 형성

**금속 결합과 그 속에 숨겨진 비밀**

"어느 날 TV에서 금을 이용하여 장식품을 만드는 기술자에 대한 이야기가 나왔어요. 금을 아주 얇게 만들어서 장식품에 붙이는 모습이 참으로 신기했지요."

순간 영선이는 궁금한 점이 생겼어요.

어떻게 금이 그렇게 얇아질 수 있지? 금은 금속으로 알고 있는데 그렇다면 모든 금속이 그렇게 되는 것일까? 다른 물질들은 그렇게 얇게 되기 어려울 것 같기도 한데…. 대체 금속에는 어떤 성질이 있는 것일까?

우리 주변에는 다양한 종류의 금속이 존재하고 있습니다. 이러한 금속은 이온화 에너지가 작아서 쉽게 전자를 내놓고 양이온이 되는 성질을 가지고 있어요. 이렇게 떨어져 나온 전자들은 금속 양이온 사이를 자유롭게 움직일 수 있는데, 이 전자를 자유전자라고 합니다.

금속 결합은 금속 양이온과 자유전자 사이의 정전기적 인력에 의하여 형성되는 결합으로, 모든 금속이 이러한 결합으로 이루어져 있어요. 다음은 금속 결합을 나타내는 그림으로, 보통 전자 바다 모형이라고 부릅니다. 그 이유는 (-)전하를 띤 전자 바다 속에 금속 양이온들이 배처럼 떠 있는 것에 비유하기 때문이지요.

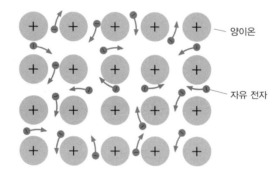

금속 원자는 금속 결합을 하여 규칙적으로 배열되는데, 이를 금속 결정이라고 합니다. 이러한 금속 결정의 결합 세기는 양이온의 전하가 크고 원자의 반지름이 작을수록 증가하는 성질이 있지요. 예를 들어 나트륨(Na)과 마그네슘(Mg)을 비교해 보면 마그네슘의 결합의 세기가 더 크므로 녹는점이 더 높아집니다. 그 이유는 나트륨의 경우 금속 양이온은 +1이고 자유전자는 -1이지만, 마그네슘의 경우 금속

양이온은 +2이고 자유전자는 −2이기 때문이지요. 이처럼 금속 결합은 다른 물질들과 다른 특이한 형태로 결합을 하고 있답니다.

## 금속 결합의 성질

**금속 결합! 넌 어떤 거야?**
"오늘 화학 시간에 금속 나트륨에 대한 실험을 했어요. 처음에는 어두운 회색을 띠고 있던 나트륨 조각을 칼로 자르니 아주 밝은 색을 띠는 광택을 확인할 수 있었지요. 이러한 광택은 금속이 가지고 있는 고유한 성질이라는 걸 배우게 됐어요."
그때 지영이는 이런 생각을 했어요.

그렇다면 모든 금속은 광택을 띠는 것일까? 어떻게 그런 성질을 가지게 된 것일까? 너무 궁금해….

앞에서 우리는 금속 결합이 이루어지는 과정에 대하여 공부했습니다. 그렇다면 금속은 어떤 성질을 가지고 있을까요? 금속의 성질로는 첫 번째, **전기 전도성**이 아주 우수하다는 것입니다. 금속이 가지고 있는 자유전자는 전류가 통하면 (−)극에서 (+)극으로 이동하며, 고체와 액체 상태에서도 전기 전도성을 가지고 있지요. 이러한 성질을 이용하여 금속은 전기 스위치, 전선, 피뢰침 등에 사용하고 있습니다.

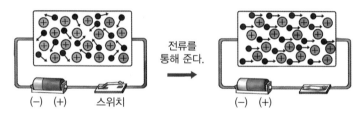

전류를
통해 준다.

(-) (+)　　　스위치　　　　　　　　　(-) (+)

**금속의 전기 전도성**

두 번째로 금속은 **열전도성**이 우수합니다. 금속에 열을 가하면 자유전자가 열에너지를 얻게 되고, 인접한 자유전자와 금속 양이온에 열을 잘 전달하므로 열전도성이 매우 크죠. 이러한 성질을 이용하여 난방용 기구나 파이프 배관 등에 사용해요.

세 번째로 금속은 **뽑힘성(연성)과 퍼짐성(전성)**이 우수합니다. 외부에서 힘을 가하면 금속 양이온들의 층이 미끄러지면서 원래의 모양에서 변형이 일어나긴 하지만 자유전자들이 이동하면서 금속 결합을 유지시킬 수 있습니다. 따라서 원래의 모양과는 달라지지만 그 결합은 그대로 유지되는 거죠. 이러한 성질을 이용하여 알루미늄 호일, 금박, 철사, 구리선 등을 만들 때 사용됩니다. 다음 그림에는 외부에서 힘을 가할 때 금속의 뽑힘성(연성)과 퍼짐성(전성)의 원리를 나타냈어요.

힘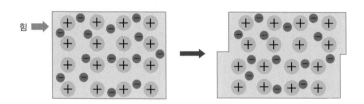

네 번째로 금속은 높은 녹는점과 끓는점을 가집니다. 금속은 금속 양이온과 자유전자 사이에 강한 정전기적 인력이 작용하므로 다른 결합보다 녹는점과 끓는점이 높지요. 이러한 성질 때문에 대부분 실온에서 고체로 존재(단, 수은은 액체)합니다.

다섯 번째로 금속은 대부분 광택을 가지고 있습니다. 금속이 가지고 있는 자유전자는 가시광선 영역의 모든 빛을 반사시키므로 은백색이나 은회색의 광택을 가지게 되지요. 이러한 성질을 이용하여 금속은 여러 가지 장신구로도 이용되고 있습니다.

이처럼 금속은 자유전자에 의하여 다른 결합에는 존재하지 않는 특이한 성질을 나타낸다는 것을 기억해야 한답니다.

• **금속 결합은?**

금속 결합은 금속 양이온과 자유전자 사이에 정전기적 인력
에 의하여 이루어지는 결합이에요. 금속 결합에서 결합 세기
는 양이온의 전하가 클수록 원자의 반지름이 작을수록 증가
하는 성질이 있지요.

• **금속 결합의 성질**

금속 결합은 금속이 가지는 자유전자에 의하여 특이한 성질이
나타나지요. 대표적인 성질로는 전기 전도성 및 열전도성이
우수하고, 뽑힘성(연성)과 퍼짐성(전성) 역시 우수하며, 녹는점
과 끓는점이 높고, 대부분 광택을 가지고 있다는 점입니다.

01 다음은 3가지 물질을 몇 가지 기준에 따라 분류한 것이다.

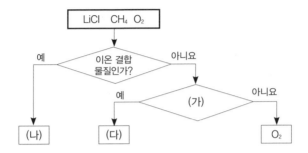

이에 대한 설명으로 옳은 것만을 〈보기〉에서 있는 대로 고른 것은?

─〈보기〉─

ㄱ. (가)에는 '극성 공유 결합이 있는가?'를 사용할 수 있다.

ㄴ. (나)는 LiCl이다.

ㄷ. (다)에는 비공유 전자쌍이 있다.

① ㄱ　②ㄴ　③ㄷ　④ ㄱ, ㄴ　⑤ ㄴ, ㄷ

02 그림은 물질 $XY_4$와 $Z_2$의 화학 결합을 모형으로 나타낸 것이다.

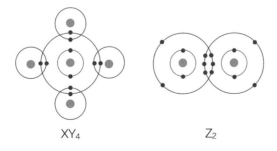

$XY_4$　　　　　　$Z_2$

이에 대한 설명으로 옳은 것만을 〈보기〉에서 있는 대로 고른 것은? (단,
X~Z는 임의의 원소 기호이다)

〈보기〉

ㄱ. 원자 번호는 X가 Z보다 크다.

ㄴ. $XY_4$와 $Z_2$는 모두 비금속 원소로만 이루어져 있다.

ㄷ. $ZY_3$에는 다중 결합이 존재한다.

① ㄱ   ② ㄴ   ③ ㄱ, ㄷ   ④ ㄴ, ㄷ   ⑤ ㄱ, ㄴ, ㄷ

**03** 다음 표는 물질 A~C의 성질을 조사한 자료이다.

| 물질 | 녹는점(℃) | 색깔 | 전기 전도성 | |
|---|---|---|---|---|
| | | | 고체 | 액체 |
| A | 1,538 | 은백색 | 있음 | 있음 |
| B | 800 | 흰색 | 없음 | 있음 |
| C | 113 | 흑자색 | 없음 | 없음 |

이에 대한 설명으로 옳은 것만을 〈보기〉에서 있는 대로 고른 것은?

〈보기〉

ㄱ. A는 공유 결합 물질이다.

ㄴ. B는 양이온과 음이온으로 구성되어 있다.

ㄷ. C는 분자로 구성되어 있다.

① ㄱ   ② ㄷ   ③ ㄱ, ㄴ   ④ ㄴ, ㄷ   ⑤ ㄱ, ㄴ, ㄷ

**1.화학 결합의 성질을 이용하여 물질을 분류하고 문제를 풉니다.**

    ㄱ. $CH_4$는 극성 공유 결합, $O_2$는 무극성 공유 결합으로 이루어진 물질입니다. **따라서 맞는 보기입니다.**

    ㄴ. $LiCl$은 이온 결합 물질이며 $CH_4$와 $O_2$는 공유 결합 물질입니다. **따라서 맞는 보기입니다.**

    ㄷ. $CH_4$에는 4개의 공유 전자쌍만 있습니다. **따라서 틀린 보기입니다.**

∴ **정답은 ④입니다.**


**2. 화학 결합 모형을 통하여 화학 결합의 종류와 특성을 파악하고 문제를 풉니다.**

    ㄱ. 화학 결합 모형에서 전자의 개수가 X는 6, Y는 1, Z는 7이므로 X는 탄소, Y는 수소, Z는 질소가 됩니다. 원자 번호는 X가 6번, Z가 7번입니다. **따라서 틀린 보기입니다.**

    ㄴ. X는 탄소, Y는 수소, Z는 질소이므로 모두 비금속입니다. **따라서 맞는 보기입니다.**

    ㄷ. $ZY_3$는 $NH_3$이므로 단일 결합만 존재합니다. **따라서 틀린 보기입니다.**

∴ **정답은 ②입니다.**

3. 표에서 물질이 어떤 화학 결합을 하는지 유추하고 문제를 풉니다. A는 높은 녹는점을 가지고 고체와 액체에서 모두 전기 전도성을 가지므로 금속 결합 물질입니다. B는 고체 상태에서는 전기 전도성이 없으나 액체 상태에서는 전기 전도성이 있으므로 이온 결합 물질입니다. C는 고체와 액체에서 모두 전기 전도성이 없으므로 공유 결합 물질입니다.

ㄱ. A는 금속 결합 물질입니다. **따라서 틀린 보기입니다.**

ㄴ. B는 이온 결합 물질이므로 양이온과 음이온으로 구성되어 있습니다. **따라서 맞는 보기입니다.**

ㄷ. C는 공유 결합 물질이므로 분자를 구성할 수 있습니다. **따라서 맞는 보기입니다.**

∴ **정답은 ④입니다.**

Chapter
6

# 분자의 구조와 성질

.

"신학기가 시작되고 새로운 짝을 만났어요. 조금은 어색했지만 이야기를 나눴죠. 놀랍게도 짝과 나는 좋아하는 취미, 색깔, 운동 종목 등등 너무나 좋아하는 것들이 똑같았어요. 덕분에 우리는 금방 친해질 수 있었어요."

이처럼 물질들도 서로 비슷한 성질을 가지고 있는 것끼리 서로 섞일 수 있는 성질을 가지고 있습니다. 다른 성질을 가지고 있는 물질은 절대로 서로 섞이지 않지요. 또한, 분자들은 구조에 따라 서로 다른 특징을 가지고 있기 때문에 이들을 정확하게 구분할 수 있어야 합니다.

자, 이제부터 분자의 구조와 성질에 대해 좀 더 자세하게 알아봐요.

# 전기 음성도와 결합의 극성

## 전기 음성도란?

**전기 음성도, 그게 뭔가요?**

"오늘은 즐거운 체육대회! 반 대항 줄다리기 결승전이 열렸어요. 우리 반은 결승에 올랐지만 결국 다른 반에게 지고 말았죠. 너무 아쉬웠지만 다른 반 친구들이 너무나 덩치가 커서 결과를 받아들였지요. 역시 줄다리기에서는 힘이 중요하다는 걸 다시 한번 깨달았어요."
이 날 석민이는 이런 생각을 하게 되었어요.

줄다리기처럼 서로 다른 원자들이 결합을 하는 경우는 어떨까? 결국 힘이 센 쪽이 이기지 않을까? 그렇다면 분자는 어떻게 변할까?

여러분은 전기 음성도라는 용어를 들어본 적이 있나요? 전기 음성도란 공유 결합을 이루는 원자가 전자쌍을 잡아당기는 능력을 상대적인 수치로 나타낸 값을 말합니다. 이 정의는 미국의 화학자인 폴링

이 제안한 것으로, 전기 음성도가 가장 큰 원소인 플루오린(F)의 수치를 4.0으로 정하고, 이를 다른 원소들에 적용을 하여 수치를 정했죠. 그런데 여기서 주목해야 할 부분은 18족 원소들인데, 이 원소들은 다른 원자들과 결합을 하지 않기 때문에 전기 음성도를 다룰 때 제외시킨다는 점입니다.

그렇다면 전기 음성도에는 어떤 주기적 성질이 있을까요? 전기 음성도는 같은 족에서 원자 번호가 증가할수록 감소하는 성질이 있습니다. 전자껍질 수가 증가하면 인력이 점차로 감소하여 전자쌍을 잡아당기는 힘이 작아지기 때문이지요. 반면 같은 주기에서는 원자 번호가 증가할수록 전기 음성도가 증가합니다. 그 이유는 유효 핵전하가 증가하여 인력이 점점 커지므로 전자쌍을 잡아당기는 힘도 커지기 때문이지요.

이러한 주기성으로 인하여 전기 음성도는 주기율표의 왼쪽이나 아래로 갈수록 점점 감소하고, 주기율표의 오른쪽이나 위로 갈수록 점점 증가하게 됩니다. 또한, 일반적으로 금속 원소의 경우 전기 음성도가 작고, 비금속 원소의 경우 전기 음성도가 비교적 크지요. 다음 그림은 주기율표에서 각 원소들의 전기 음성도 수치와 족과 주기별로 세기를 나타낸 것입니다.

| 족\주기 | 1 | 2 | 3 | 4 | 5 | 6 | 7 | 8 | 9 | 10 | 11 | 12 | 13 | 14 | 15 | 16 | 17 |
|---|---|---|---|---|---|---|---|---|---|---|---|---|---|---|---|---|---|
| 1 | H 2.1 | 2 | | | | | | | | | | | 13 | 14 | 15 | 16 | 17 |
| 2 | Li 1.0 | Be 1.5 | | | | | | | | | | | B 2.0 | C 2.5 | N 3.0 | O 3.5 | F 4.0 |
| 3 | Na 0.9 | Mg 1.2 | 3 | 4 | 5 | 6 | 7 | 8 | 9 | 10 | 11 | 12 | Al 1.5 | Si 1.8 | P 2.1 | S 2.5 | Cl 3.0 |
| 4 | K 0.8 | Ca 1.0 | Sc 1.3 | Ti 1.6 | V 1.6 | Cr 1.6 | Mn 1.5 | Fe 1.8 | Co 1.8 | Ni 1.8 | Cu 1.9 | Zn 1.6 | Ga 1.6 | Ge 1.8 | As 2.0 | Se 2.4 | Br 2.8 |
| 5 | Rb 0.8 | Sr 1.0 | Y 1.2 | Zr 1.4 | Nb 1.6 | Mo 1.8 | Tc 1.9 | Ru 2.2 | Rh 2.2 | Pd 2.2 | Ag 1.9 | Cd 1.7 | In 1.7 | Sn 1.8 | Sb 1.9 | Te 2.1 | I 2.5 |
| 6 | Cs 0.7 | Ba 0.9 | La 1.1 | Hf 1.3 | Ta 1.5 | W 1.7 | Re 1.9 | Os 2.2 | Ir 2.2 | Pt 2.2 | Au 2.4 | Hg 1.9 | Tl 1.8 | Pb 1.8 | Bi 1.9 | Po 2.0 | At 2.2 |

금속 / 비금속

전기 음성도가 작아진다 / 전기 음성도가 커진다

**주기율표에서 전기 음성도 세기 변화**

전기 음성도 수치로 주기율표를 배치하면 그 크기의 변화를 확인할 수가 있습니다. 아울러 앞에서 배웠던 원자 반지름, 이온 반지름, 이온화 에너지와의 비교를 통하여 원소의 성질을 분석하는 데 적용시킬 수 있지요. 주기율표의 같은 주기에서는 원자 번호가 증가할수록 원자 반지름과 이온 반지름은 대체로 감소하지만, 이온화 에너지와 전기 음성도는 대체로 증가하게 되지요.

반면에 같은 족에서는 원자 번호가 증가할수록 원자 반지름과 이온 반지름은 대체로 증가하지만 이온화 에너지와 전기 음성도는 대체로 감소하게 됩니다. 이렇듯 원소는 일정한 주기성을 가지고 있으므로 이를 원소의 성질을 유추하는 데 적용할 수가 있는 거예요.

## 결합의 극성과 쌍극자 모멘트

전하의 치우침으로 일어나는 변화는?
"오늘 수업 시간에 쌍둥이에 대해 공부했어요. 쌍둥이에는 일란성과
이란성이 있다는 것을 배우며, 같은 쌍둥이지만 서로 다른 경우도
있다는 것을 알게 됐어요."
이때 경진이는 이런 생각을 했어요.

서로 다른 쌍둥이가 있는 것처럼 공유 결합에도 서로 다른 종류가
있다고 들었는데… 무극성 공유 결합과 극성 공유 결합 등등… 이들
은 서로 어떻게 다른 것일까?

우리는 앞에서 전기 음성도에 대하여 공부했습니다. 이 전기 음성
도에 따라 공유 결합을 구분하면 극성 공유 결합과 무극성 공유 결합
으로 나눌 수 있죠.

극성 공유 결합은 전기 음성도가 다른 두 원자 사이의 공유 결합
을 말합니다. 보통 전기 음성도가 큰 원자가 전자쌍을 강하게 끌어
당겨 부분적인 음전하($\delta^-$/델타$^-$)가 되고, 작은 원자가 부분적인 양
전하($\delta^+$/델타$^+$)가 되죠. 가장 대표적인 예로는 HF(플루오린화수소),
HCl(염화수소) 등이 있습니다.

반면 무극성 공유 결합은 전기 음성도가 같은 두 원자 사이의 공유
결합을 말합니다. 서로 같은 원자들이 결합하기 때문에 부분적인 전
하가 생기지 않는 결합을 하죠. 가장 대표적인 예로는 수소($H_2$), 산

소($O_2$) 등이 있습니다. 아래에 극성 공유 결합과 무극성 공유 결합의 예를 나타냈습니다.

$$\overset{\delta+}{H}-\overset{\delta-}{F} \quad \overset{\delta+}{H}-\overset{\delta-}{Cl} \quad H-H \quad O=O$$

분자의 극성을 나타내는 것으로는 **쌍극자 모멘트**가 있습니다. 여기에서 쌍극자란 분자 내에서 일정한 거리를 두고 존재하는 서로 다른 전하를 말하며, 보통 부분적인 양전하와 부분적인 음전하를 띠는 경우를 말하지요. 쌍극자 모멘트는 분리된 전하량($q$)과 쌍극자 사이의 거리($r$)를 곱하는 값으로 나타내며, 크기는 화살표의 길이로 표시하게 됩니다. 화살표 표시는 보통 부분적인 양전하에서 부분적인 음전하 쪽으로 향하도록 표시하죠. 다음은 쌍극자 모멘트($\mu$)를 표시하는 방법을 나타낸 그림입니다.

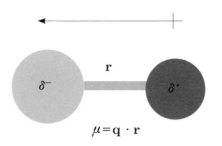

이렇게 쌍극자 모멘트는 결합이나 분자의 극성 유무를 판단하는 지표로 사용되며, 보통 쌍극자 모멘트가 크다는 것은 전하의 크기가

증가하여 결합의 극성이 커진다는 것을 의미합니다. 아울러 쌍극자 모멘트의 합으로 극성 분자와 무극성 분자를 구별할 때도 사용하죠. 이처럼 결합의 극성 유무를 판단할 때 쌍극자 모멘트를 이용하면 아주 쉽게 알 수 있답니다.

• 전기 음성도의 해석

　　전기 음성도는 공유 결합을 이룬 원자가 전자쌍을 잡아당기
는 능력을 상대적인 수치로 나타낸 값을 말해요. 전기 음성도
의 기준은 플루오린(F)의 4.0을 기준으로 정하여 다른 원소들
을 상대적으로 정한 것이지요. 같은 족에서는 원자 번호가 증
가함에 따라 전기 음성도가 대체로 감소하고, 같은 주기에서
는 전기 음성도가 대체로 증가해요.

• 결합의 극성과 쌍극자 모멘트의 해석

　　쌍극자 모멘트란 분리된 전하량($q$)과 쌍극자 사이의 거리($r$)
를 곱하는 값으로 나타내며, 크기는 화살표의 길이로 표시해
요. 이런 쌍극자 모멘트가 0이면 무극성 공유 결합이고, 0이
아니면 극성 공유 결합이 되죠. 쌍극자 모멘트가 크다는 말은
전하의 크기가 증가하여 결합의 극성이 커진다는 의미예요.

# 분자의 구조

## 루이스 전자점식 vs 루이스 구조식

**루이스가 말하기를…**

"동생과 블록 맞추기 놀이를 하면서 시간을 보내고 있었어요. 힘들었지만 블록이 완성되어 가는 걸 보며 기분이 좋아졌죠."
그때 영미는 이런 생각을 했어요.

이렇게 눈에 보이는 블록을 맞추는 것도 쉽지 않은데 원자에 존재하는 전자들은 어떻게 구분하고 표시할까? 전자들이 너무 작아서 알기도 쉽지 않을 것 같은데…. 루이스라는 화학자가 제안한 방법이 있다고 하던데 그건 뭘까?

우리는 앞에서 전자를 공유하여 이루어지는 결합인 공유 결합에 대하여 공부했습니다. 이러한 공유 결합을 좀 더 쉽게 설명하기 위하여 많은 노력을 기울인 화학자가 있었으니, 그가 바로 루이스입니다.

루이스는 공유 결합을 설명하려고 원소 기호의 주위에 원자가 전자를 점으로 찍어서 나타내는 방법을 제안했죠. 이것이 바로 **루이스 전자점식**입니다. 이 과정은 원소 기호의 상하좌우에 먼저 1개씩 점을 찍은 다음에 다섯 번째 전자부터는 쌍을 이루도록 그리는 방법이에요. 다음에 대표적인 2 · 3주기 원소들의 루이스 전자점식을 나타냈습니다.

| | 1족 | 2족 | 13족 | 14족 | 15족 | 16족 | 17족 | 18족 |
|---|---|---|---|---|---|---|---|---|
| 2주기 | Li· | ·Be· | ·Ḃ· | ·Ċ· | ·N̈· | :Ö· | :F̈· | :N̈e: |
| 3주기 | Na· | ·Mg· | ·Ȧl· | ·Ṡi· | ·P̈· | :S̈· | :C̈l: | :Är: |

이러한 루이스 전자점식은 분자를 표시할 때 유의해야 할 부분이 있어요. 홀전자, 공유 전자쌍, 비공유 전자쌍의 구분이지요. **홀전자**란 원자의 가장 바깥 껍질에 있는 원자가 전자 가운데 쌍을 이루지 않은 전자를 말합니다. 두 원자 사이에는 서로 공유하여 공유 결합을 형성하는 전자쌍인 공유 전자쌍과, 결합에 참여하지 않고 한 원자에만 속해 있는 비공유 전자쌍이 있어요. 공유 전자쌍은 두 원소 기호 사이에 표시하며, 비공유 전자쌍은 각 원소 기호 주변에 표시합니다. 다음은 질소($N$)와 암모니아($NH_3$) 분자에서 루이스 점자식을 표시한 거예요.

루이스 전자점식으로 표현하는 경우, 약간의 문제점이 있습니다. 그것은 점을 하나씩 찍는 것이 불편한 분자들도 있으므로 새로운 대안이 필요하게 되었다는 부분이죠. 그래서 나온 것이 바로 **루이스 구조식**입니다. 루이스 구조식은 공유 전자쌍 1개를 결합선(―) 1개로 나타내고 비공유 전자쌍은 생략할 수도 있어요. 이러한 루이스 구조식은 공유 전자쌍의 개수에 따라 결합선을 다르게 나타냅니다. 공유 전자쌍이 1개인 공유 결합은 단일 결합이라고 하며 결합선 1개로 나타내요. 공유 전자쌍이 2개와 3개인 경우 2중 결합과 3중 결합이며 각각 결합선이 2개와 3개이지요. 다음은 여러 가지 분자들의 루이스 전자점식과 루이스 구조식을 표시한 것입니다.

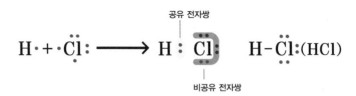

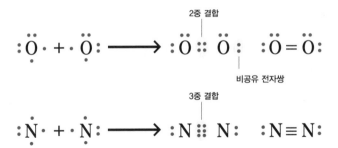

이처럼 루이스는 루이스 전자점식과 루이스 구조식으로 공유 결합을 쉽게 설명하기 위하여 많은 노력을 기울였답니다.


## 전자쌍 반발 이론과 분자의 구조

**전자쌍이 반발하면 구조가 변한다구요?**
"어느 TV 프로그램에서 세계 최고의 건축물을 소개하는 프로그램을 보았어요. 건축가가 똑같은 건축물이라도 배치를 어떻게 하는가에 따라 달라지는 것을 보여 주었지요. 우와, 정말 멋있었어요!"
TV 프로그램을 보고 난 후 영훈이는 궁금한 점이 생겼어요.

이렇게 비슷하지만 다른 건축물처럼, 분자의 구조도 비슷하지만 다른 것이 너무도 많다고 하던데…. 분자의 구조들을 좀 더 쉽게 구별할 수 있는 방법에는 무엇이 있을까?

우리는 앞에서 전자에 대하여 공부를 한 적이 있습니다. 전자들이 분자나 이온 상태에서 전자쌍을 이루는 경우, 모두 (-)전하를 띠고 있으므로 서로 밀어내며 반발을 하게 되죠. 이처럼 전자쌍이 서로 반발하여 가능한 멀리 떨어져 안정되어지려는 상태를 **전자쌍 반발 원리**라고 합니다. 따라서 중심 원자에 있는 전자쌍의 수에 따라 배열하는 위치가 달라지며, 이에 의하여 분자의 구조가 변하게 되지요.

일반적으로 전자쌍의 수가 2개면 중심 원자를 기준으로 서로 정반대의 위치에 배열될 때 반발력이 최소화됩니다. 이때의 구조도 결합 각도 180°인 가장 안정한 직선형의 구조가 되죠. 전자쌍의 수가 3개이면 정삼각형으로 배열될 때 반발력이 최소화되고 결합 각도 120°의 가장 안정한 평면 삼각형 구조가 됩니다. 전자쌍의 수가 4개가 되면 정사면체의 형태로 배열될 때 반발력이 최소화되고 결합 각도 109.5°의 가장 안정한 정사면체형의 구조가 돼요. 다음은 전자쌍 수에 따른 배열의 차이를 나타낸 것입니다.

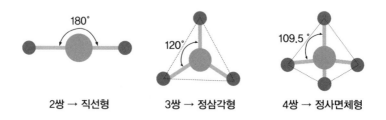

2쌍 → 직선형     3쌍 → 정삼각형     4쌍 → 정사면체형

분자 구조에서 유의할 점이 있습니다. 바로 전자쌍에서 공유 전자쌍과 비공유 전자쌍이 서로 다르다는 거예요. 공유 전자쌍은 2개의

원자들이 서로 공유되어 있어 중심 원자의 핵으로부터 멀리 떨어져 있으며, 두 원자의 핵에 의하여 모두 끌리게 되지요. 하지만 비공유 전자쌍은 중심 원자에만 속해 있어서 핵에 가까이 있고, 큰 공간을 차지하며, 한쪽 원자핵에만 끌리게 됩니다. 따라서 전자쌍 사이의 반발력은 비공유 전자쌍이 공유 전자쌍보다 반발력이 더 크게 되지요. 다음은 전자쌍의 반발력 크기의 차이를 비교한 것입니다.

| 전자쌍의 반발력 크기 |
| --- |
| 비공유 전자쌍 – 비공유 전자쌍 〉 비공유 전자쌍 – 공유 전자쌍 〉<br>공유 전자쌍 – 공유 전자쌍 |

비공유 전자쌍의 수가 증가할수록 반발력이 커지므로 밀어내는 힘이 증가하고 결합 각도가 점점 작아지게 되지요. 이처럼 전자쌍은 서로 밀어내며 반발하고 그 수가 증가함에 따라 서로 다른 모양을 형성합니다.

전자쌍에 따라 다른 형태의 분자 구조가 만들어진다는 것을 좀 더 자세하게 알아봅시다. 먼저 2원자 분자는 모두 공유 전자쌍으로 되어 있으며 직선형의 분자 구조를 이루고 있지요. 가장 대표적인 예로는 수소($H_2$), 플루오린화수소(HF), 산소($O_2$), 질소($N_2$) 등이 있습니다.

| 분자식 | H$_2$ | HF | O$_2$ | N$_2$ |
|--------|-------|-----|-------|-------|
| 루이스 전자점식 | H:H | H:F̈: | :Ö::Ö: | :N⋮⋮N: |
| 분자 모형 | | | | |

**2원자 분자의 구조의 예**

3원자 분자의 경우에는 중심 원자가 공유 전자쌍 2쌍으로 되어 있는 구조, 비공유 전자쌍 2개, 공유 전자쌍 2개로 이루어진 구조가 있습니다. 중심 원자가 공유 전자쌍 2쌍으로 되어 있는 경우는 서로의 반발력을 최소화하기 위하여 결합 각도가 180°인 직선형 분자 구조를 이루게 되지요.

대표적인 예로는 플루오린화베릴륨(BeF$_2$), 이산화탄소(CO$_2$), 사이안화수소(HCN) 등이 있습니다. 중심 원자가 비공유 전자쌍 2개와 공유 전자쌍 2개로 이루어진 구조의 경우에는 2개의 비공유 전자쌍의 반발력이 공유 전자쌍보다 크기 때문에 104.5°의 굽은형 분자 구조를 이루지요. 가장 대표적인 예로는 H$_2$O(물), OF$_2$(이플루오린화산소), H$_2$S(황화수소) 등이 있습니다.

| 분자식 | BeF₂ | CO₂ | HCN |
|--------|------|-----|-----|
| 분자 모형 | 180° F—Be—F | 180° O—C—O | 180° H—C—N |

| 분자식 | H₂O | OF₂ | H₂S |
|--------|-----|-----|-----|
| 분자 모형 | 비공유 전자쌍 O, H—H, 104.5° | 비공유 전자쌍 O, F—F | 비공유 전자쌍 S, H—H |

**3원자 분자의 서로 다른 구조의 예**

4원자 분자의 경우에는 중심 원자가 공유 전자쌍 3쌍으로 이루어진 구조와 비공유 전자쌍 1쌍, 공유 전자쌍 3쌍으로 이루어진 구조가 있습니다. 중심 원자가 공유 전자쌍 3쌍으로 이루어진 경우는 서로의 반발력을 최소화하기 위하여 결합 각도 120°인 평면 삼각형 구조를 이루게 되지요. 가장 대표적인 예로는 $BF_3$(삼플루오린화붕소), $BCl_3$(삼염화붕소), $HCHO$(폼알데하이드)이 있습니다.

또 중심 원자가 비공유 전자쌍 1쌍과 공유 전자쌍 3쌍으로 이루어진 구조의 경우에는 1개의 비공유 전자쌍의 반발력이 공유 전자쌍의 반발력보다 크기 때문에 결합 각도 107°의 삼각뿔형의 입체 구조를 이루게 되지요. 가장 대표적인 예로는 $NH_3$(암모니아), $NF_3$(삼플루오린화질소), $PCl_3$(삼염화인) 등이 있습니다.

| 분자식 | BF₃ | BCl₃ | HCHO |
|---|---|---|---|
| 분자 모형 | | | |

| 분자식 | NH₃ | NF₃ | PCl₃ |
|---|---|---|---|
| 분자 모형 | | | |

**4원자 분자의 서로 다른 구조의 예**

5원자 분자의 경우에는 중심 원자가 공유 전자쌍 4쌍으로만 이루어진 구조가 있습니다. 이 경우에는 공유 전자쌍 사이의 반발력을 최소화하기 위하여 $109.5°$의 사면체형이나 정사면체형의 입체 구조를 이루게 되지요. 가장 대표적인 예로는 $CH_4$(메테인), $CF_4$(사플루오린화탄소), $CH_3Cl$(염화메틸) 등이 있으며 $CH_4$, $CF_4$는 정사면체형이고 $CH_3Cl$는 사면체형입니다.

| 분자식 | CH₄ | CF₄ | CH₃Cl |
|---|---|---|---|
| 분자 모형 | | | |
| 분자의 모양 | 정사면체형 | 정사면체형 | 사면체형 |

**5원자 분자의 구조의 예**

여기에서 중요한 것은 전자쌍의 수가 4개인 경우인데 4개를 다시 나누면 공유 전자쌍만 4개, 공유 전자쌍 3개와 비공유 전자쌍 1개, 공유 전자쌍 2개와 비공유 전자쌍 2개인 경우가 있습니다. 이 경우에는 전자쌍 사이의 반발력에 의하여 분자의 구조가 달라지는데, 비공유 전자쌍이 공유 전자쌍보다 크기 때문에 정사면체형에서 삼각뿔형으로, 다시 굽은형으로 변한다는 것을 알고 있어야 하지요. 예를 들면 $CH_4$(메테인), $NH_3$(암모니아), $H_2O$(물)가 그 대표적인 예들입니다.

| 분자식 | $CH_4$ | $NH_3$ | $H_2O$ |
|--------|--------|--------|--------|
| 분자 모형 | | | |
| 분자의 모양 | 정사면체형 | 삼각뿔형 | 굽은형 |

**전자쌍 4개의 분자 구조 비교의 예**

이렇게 분자의 구조가 다른 이유는 중심 원자의 전자쌍의 수와 전자쌍 사이의 반발력에 따라 달라지기 때문이에요. 이처럼 분자의 구조를 정하는 데는 하나의 규칙이 있고, 이에 따라서 구조가 결정된답니다.

• **루이스 전자점식과 루이스 구조식의 해석**

공유 결합은 루이스 전자점식이나 루이스 구조식을 이용하여 표시하는 방법을 많이 사용하고 있어요. 루이스 전자점식은 원소 기호의 주위에 원자가 전자를 점으로 찍어서 나타내지요. 루이스 구조식은 공유 전자쌍 1개를 결합선(—) 1개로 나타내고, 비공유 전자쌍은 생략할 수도 있으며, 공유 전자쌍의 개수에 따라 결합선을 다르게 나타내지요.

• **전자쌍 반발 원리와 분자의 구조의 해석**

전자쌍은 서로 같은 (-)극을 띠고 있기 때문에 반발력을 최소화하기 위해서는 가능한 멀리 떨어져야 하는데 이를 '전자쌍 반발 원리'라고 해요. 이 원리에 의하여 전자쌍이 2쌍, 3쌍, 4쌍일 때 서로 다르기 때문에 직선형, 삼각뿔형, 정사면체형의 구조를 형성하게 되지요. 전자쌍의 종류에는 공유 전자쌍과 비공유 전자쌍이 있는데 비공유 전자쌍의 반발력이 공유 전자쌍보다 크기 때문에 분자의 구조가 달라져요.

원자의 수에 따라 분자의 구조도 다르게 되는데 2원자 분자는 모두 공유 전자쌍으로 이루어져 있고, 3원자 분자는 공유

전자쌍 2개로 되어 있는 직선형 구조, 비공유 전자쌍 2개와
공유 전자쌍 2개로 되어 있는 굽은형 구조가 있어요. 4원자
분자는 공유 전자쌍 3개로 되어 있는 평면삼각형 구조와 비
공유 전자쌍 1개와 공유 전자쌍 3개로 되어 있는 삼각뿔형이
있어요. 5원자 분자에는 모두 공유 전자쌍 4개로만 되어 있는
정사면체형이 있어요.

# 분자의 성질

## 극성 분자와 무극성 분자

년 극성, 난 무극성?

"오늘 뉴스에서 바다에서 유조선이 침몰하여 다량의 기름이 유출되었다는 소식을 들었어요. 무엇보다 심각한 것을 유출된 기름이 해류를 타고 이동하여 많은 지역이 피해를 입는다는 것이었지요. 기름이 계속 퍼지면 정말 문제인데….''

뉴스를 보고 난 후 재현이에게는 궁금한 점이 생겼어요.

유출된 기름이 바다 위를 떠다니는 이유는 무엇일까? 기름이 물과 섞이지 않기 때문일까, 아니면 다른 이유가 더 있을까?

앞에서 쌍극자 모멘트에 대해 공부했었죠? 이 쌍극자 모멘트를 활용하여 극성 분자와 무극성 분자를 구분할 수 있게 되었지만, 이에 대하여 좀 더 자세하게 알아보도록 합시다. 먼저 **무극성 분자**에 대하여 살펴보면 크게 두 가지의 경우가 있습니다.

첫 번째는 무극성 공유 결합으로 이루어져 있는 2원자 분자로 이는 모두 무극성 분자가 되지요. 가장 대표적인 예로 염소($Cl_2$) 분자가 있습니다. 염소 분자는 무극성 공유 결합으로 이루어진 무극성 분자이지요.

두 번째는 극성 공유 결합으로 되어 있으나 쌍극자 모멘트의 합이 0이 되어 부분적인 전하를 띠지 않는 무극성 분자가 되는 것이 있습니다. 가장 대표적인 예로 이산화탄소($CO_2$)와 메테인($CH_4$)이 있지요. 이 분자들은 극성 공유 결합으로 이루어져 있으나 무극성 분자가 되는 것입니다.

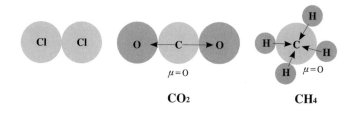

**무극성 분자의 예**

극성 분자의 경우에는 극성 공유 결합으로 이루어져 있으며 쌍극자 모멘트의 합이 0이 되지 않아서 부분적인 전하를 띠고 있는 극성 분자가 됩니다. 가장 대표적인 예로 이원자 분자인 염화수소($HCl$)와 3개 이상의 원자들이 결합된 물($H_2O$)과 암모니아($NH_3$)가 있습니다. 이 분자들은 극성 공유 결합으로 되어 있어 극성 분자가 되는 것이지요.

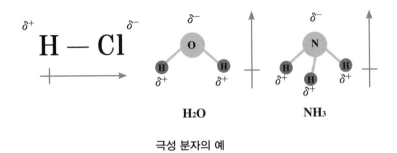

$$H - Cl$$

$$\delta^+ \qquad \delta^-$$

H₂O            NH₃

극성 분자의 예

이처럼 극성 분자와 무극성 분자는 쌍극자 모멘트의 합으로 구분할 수 있으며, 합이 0이 되느냐 되지 않느냐에 따라서 달라진답니다.


## 분자의 성질 비교

극성과 무극성은 서로 달라요!

"어제 본 영화 속 주인공이 바닷물을 휘게 하여 악당을 물리치는 장면이 나왔어. 물이 휘어지는 장면을 보면서 연출된 장면인가 하는 생각을 했지. 그런데 오늘 화학 시간에 선생님께 여쭈어 보니 물이 정말 휜다는 걸 알려 주셨어. 왜! 물이 휘어지는 게 정말 가능한 거구나!"

순간 수진이는 궁금한 것이 생겼어요.

물은 왜 휘어지는 것일까? 물 말고 다른 액체들도 휘어질까?

우리는 앞에서 극성 분자와 무극성 분자에 대하여 공부했습니다.

그렇다면 극성 분자와 무극성 분자에는 어떤 성질들이 있을까요?

첫 번째는 용매에 녹는 용해성입니다. 극성 분자는 극성 용매에 잘 용해되고 무극성 분자는 무극성 용매에 잘 용해되지요. 가장 대표적 극성 분자인 암모니아($NH_3$)는 극성 용매인 물($H_2O$)에 잘 녹고, 무극성 분자인 아이오딘($I_2$)은 무극성 용매인 사염화탄소($CCl_4$)에 잘 녹습니다. 또 극성 용매는 염화나트륨(NaCl)과 같은 이온 결합 물질도 잘 녹이지요.

두 번째는 녹는점과 끓는점입니다. 일반적으로 극성 분자는 부분적인 양전하와 부분적인 음전하를 가지므로 인력이 커져서 무극성 분자보다 분자 사이의 힘이 더욱 크지요. 따라서 극성 분자가 무극성 분자보다 높은 녹는점과 끓는점을 가지게 됩니다. 가장 대표적인 예로는 메테인($CH_4$)과 물($H_2O$)이 있지요.

이 두 가지 분자의 분자량은 메테인이 16이고 물이 18로 거의 비슷하지만 녹는점과 끓는점은 차이가 큽니다. 메테인은 녹는점이 -183℃, 끓는점이 -162℃이고, 물은 녹는점이 0℃, 끓는점이 100℃로 큰 차이를 보이죠. 다음은 몇 가지 극성 분자와 무극성 분자의 끓는점을 비교한 것입니다.

| 극성 분자 | | | 무극성 분자 | | |
|---|---|---|---|---|---|
| 화학식 | 분자량 | 끓는점(℃) | 화학식 | 분자량 | 끓는점(℃) |
| $NH_3$ | 17 | −33 | $CH_4$ | 16 | −161 |
| $H_2S$ | 34 | −61 | $O_2$ | 32 | −183 |
| HCl | 36.5 | −85 | $F_2$ | 38 | −188 |

세 번째는 전기적인 성질이 서로 다릅니다. 극성 분자의 경우 전기장을 걸어 주기 전에는 일정한 방향이 없이 배치되어 있어요. 전기를 걸어 주면 부분적인 양전하를 띤 부분은 (−)극 쪽으로, 부분적인 음전하를 띤 부분은 (+)극 쪽으로 배열되게 되지요. 하지만 무극성 분자는 아무런 변화가 없습니다. 아울러 극성 분자인 물에 대전체를 가까이 가져가면 물이 휘어지는 것을 볼 수 있는데, 이것도 물 분자가 극성 분자이기 때문에 가능한 거죠.

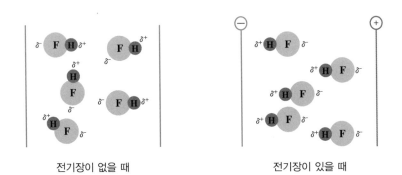

전기장이 없을 때               전기장이 있을 때

**전기장이 없을 때와 있을 때의 극성 분자**

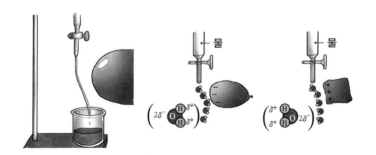

극성 분자인 물의 성질

    이렇게 극성 분자와 무극성 분자는 서로 다른 성질을 가지고 있습니다. 따라서 두 분자가 자연스럽게 서로 섞인다는 것을 거의 불가능에 가깝지요. 우리가 알고 있는 물과 기름이 바로 대표적인 예입니다. 극성 분자인 물과 무극성 분자인 기름이 서로 섞이지 않고 층을 이루는 것도 전부 극성과 무극성의 성질 때문이지요. 서로 비슷해 보이지만 전혀 다른 것이 극성과 무극성 분자라는 것을 기억해야 한답니다.

- 극성 분자와 무극성 분자의 해석

  무극성 분자는 무극성 공유 결합으로 되어 있는 2원자 분자
  와 극성 공유 결합으로 되어 있으나 쌍극자 모멘트의 합이 0
  인 분자를 말하지요. 극성 분자는 극성 공유 결합으로 되어
  있고 쌍극자 모멘트의 합이 0이 되지 않는 분자를 말해요.

- 분자의 성질 비교의 해석

  극성 분자는 극성 용매에, 무극성 분자는 무극성 용매에 서로
  잘 녹지요. 극성 분자는 무극성 분자보다 높은 녹는점과 끓는
  점을 가지고 있으며, 전기장을 걸어 주면 일정한 방향을 나타
  내기도 하지요. 무극성 분자는 극성 분자에 비교해 볼 때 녹
  는점과 끓는점이 낮으며 전기장을 걸어 주어도 변화가 없는
  성질을 가지고 있어요.

01 다음 그림은 3가지 분자를 기준 (가)와 (나)로 분류한 벤다이어그램이다.

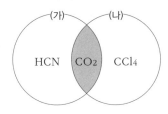

기준 (가)와 (나)로 적절한 것은?

| | (가) | (나) |
|---|---|---|
| ① | 다중 결합이 있다 | 무극성 분자이다 |
| ② | 다중 결합이 있다 | 입체 구조이다 |
| ③ | 무극성 분자이다 | 입체 구조이다 |
| ④ | 무극성 분자이다 | 다중 결합이 있다 |
| ⑤ | 입체 구조이다 | 다중 결합이 있다 |

02 다음 표는 4가지 분자 $H_2O$, $CO_2$, HCN, $CF_4$를 주어진 기준에 따라 각각 분류한 결과를 나타낸 것이다.

| 분류 기준 | 예 | 아니요 |
|---|---|---|
| (가) | $CF_4$ | $H_2O$, $CO_2$, HCN |
| 다중 결합이 있는가? | ㉠ | ㉡ |
| 극성 분자인가? | ㉢ | ㉣ |

이에 대한 옳은 설명만을 〈보기〉에서 있는 대로 고른 것은?

─〈보기〉─

ㄱ. (가)에 '입체 구조인가?'를 적용할 수 있다.

ㄴ. ㉠에 해당하는 분자는 중심 원자에 비공유 전자쌍이 있다.

ㄷ. ㉠과 ㉣에 공통으로 해당하는 분자는 ㉡과 ㉢에 공통으로 해당하는 분자보다 결합각이 크다.

① ㄱ　② ㄴ　③ ㄱ, ㄷ　④ ㄴ, ㄷ　⑤ ㄱ, ㄴ, ㄷ

• 정답 및 해설 •

## 1. 전자쌍 반발 원리를 이용한 분자 구조를 이해하고 문제를 풉니다.

기준 (가)를 만족하는 분자는 $H-C\equiv N$, $O=C=O$로 다중 결합이 있으며, 기준 (나)를 만족하는 분자의 경우에는 $O=C=O$, $Cl$로 결합의 쌍극자 모멘트가 0인 무극성 분자입니다.

∴ 정답은 ①입니다.

## 2. 분자의 구조와 극성을 이해하고 문제를 푼다. 표의 ㉠~㉣은 각각 ㉠은 $CO_2$, HCN, ㉡은 $H_2O$, $CF_4$, ㉢은 $H_2O$, HCN, ㉣은 $CO_2$, $CF_4$ 이다.

ㄱ. $CF_4$는 입체 구조이므로 이 조건을 적용할 수 있습니다. **따라서 맞는 보기입니다.**

ㄴ. ㉠에 해당하는 분자는 모두 중심 원자에 비공유 전자쌍이 없습니다. **따라서 틀린 보기입니다.**

ㄷ. 결합각은 $CO_2$가 $H_2O$보다 큽니다. **따라서 맞는 보기입니다.**

∴ 정답은 ③입니다.

## 메테인과 온실효과

알케인의 대표적인 화합물인 메테인($CH_4$)은 도시가스의 원료, 버스의 원료 등 현재 연료 분야에 다양하게 사용되고 있어요. 실제로 메테인은 상당히 안정한 구조를 가지고 있는 화합물로, 겉으로 보기에는 좋은 것처럼 보입니다. 하지만 이러한 메테인이 온실효과를 일으켜 우리의 미래를 위협한다는 걸 알고 있나요?

**지구 온난화로 많이 녹은 히말라야 산맥의 빙하**

우리는 흔히 온실효과를 일으키는 대표적인 물질이 이산화탄소($CO_2$)라는 걸 알고 있어요. 하지만 메테인은 그 양이 이산화탄소보다 적어서 그렇지, 오히려 이산화탄소보다 더 큰 문제를 일으키는 화합물이에요. 그렇다면 왜 메테인이 이산화탄소보다 더 위험할까요? 그 이유는 바로 메테인의 구조적인 특징 때문입니다.

　분자 구조를 분석해 보면 이산화탄소는 직선형 구조를 가지고 있어 열을 담을 수 있는 공간이 별로 없습니다. 하지만 메테인은 정사면체형의 입체 구조를 가지고 있어 열을 담을 수 있는 공간을 많이 가지고 있어요. 실제로 메테인은 이산화탄소보다 약 21배 정도의 열을 더 담을 수 있다고 알려져 있죠. 바로 이런 구조적인 특징 때문에 메테인이 이산화탄소보다 온실효과에 더 위험한 겁니다. 그러니 이산화탄소 못지않게 메테인 배출량 조절이 반드시 필요하겠죠?

# 화학 반응에서
# 동적 평형

## 3교시 세계사 시간

·

단 것을 좋아하는 서연이는 물에 설탕을 넣고 있었어요. 설탕을 넣다 보니 욕심이 생겨서 점점 더 많이 넣게 되었지요. 그런데 어느 순간부터 설탕이 녹지 않고 그대로 바닥에 가라앉는 거예요. 어? 설탕이 더 이상 녹지 않네? 왜 그러지? 물은 설탕을 잘 녹이는 물질로 알고 있는데….

위의 예시처럼 물질은 물과 용매에 녹는 경우 포화 상태가 되면 더 이상 반응을 하지 않는 것처럼 보이게 됩니다. 이런 현상에 대해 동적 평형이라는 표현을 사용하지요. 이러한 동적 평형의 예는 우리 주변에서 아주 흔하게 일어나요.

자, 그럼 지금부터 화학 반응에서의 동적 평형에 대하여 알아볼까요?

# 가역 반응

## 가역 반응과 비가역 반응

우리 주변에 보이지 않는 수많은 화학 반응이 일어난다는 걸 알고 있나요? 이러한 화학 반응은 가역 반응과 비가역 반응으로 나눌 수 있습니다. 하지만 가역 반응과 비가역 반응을 이야기하기 전에 먼저 **정반응과 역반응**부터 알아야 하죠.

정반응이란 화학 반응식에서 왼쪽에서 오른쪽으로 진행되는 반응을 말하며 보통 '→'로 표시합니다. 반면 역반응이란 화학 반응식에서 오른쪽에서 왼쪽으로 진행되는 반응이며 '←'로 표시하지요. 화학 반응식을 보면 화살표의 방향으로 정반응과 역반응을 구분할 수 있습니다.

정반응과 역반응을 알았으니, 처음 얘기로 돌아가 가역 반응과 비가역 반응에 대해 알아봅시다. 가역 반응이란 반응 조건에 따라서 정반응과 역반응이 모두 일어날 수 있는 화학 반응을 말합니다. 가장 대표적인 예로 물의 증발과 응축, 황산구리 수화물의 분해와 생성, 석회 동굴의 형성 등이 있지요. 보통 가역 반응을 표시할 때는 '⇌'로 사용합니다. 화학 반응이 오른쪽과 왼쪽으로 모두로 진행할 수 있다는 것을 의미하는 거예요.

비가역 반응이란 정반응만 일어나거나 역반응이 거의 일어나지 않아서 한쪽으로만 진행되는 화학 반응을 말합니다. 가장 대표적인 예로 기체 발생 반응, 앙금 생성 반응, 산과 염기의 중화 반응, 연소 반응 등이 있지요. 이러한 화학 반응들의 경우 반대 방향으로는 반응이 일어나지 않기 때문에 오히려 좋은 경우도 있습니다. 예를 들어 염산($HCl$)과 수산화나트륨($NaOH$)이 반응하여 염화나트륨($NaCl$)과 물($H_2O$)이 생성되는 중화 반응의 경우 만약 거꾸로 반응이 일어난다면 어떨까요? 소금물에서 강한 산인 염산과 강한 염기인 수산화나트륨에 생긴다면 정말 큰일이겠지요. 하지만 그런 일은 일어나지 않으므로 비가역 반응은 꼭 필요한 반응이라고 할 수 있습니다. 다음은 비가역 반응의 예인 중화 반응을 나타낸 그림이에요.

비가역 반응의 예 - 산과 염기의 중화반응

# 동적 평형

**다시 돌고 도는 동적 평형**

"요즘 다이어트가 고민인 민선이는 꾸준하게 운동과 식사 조절을 하고 있는데 늘 그대로인 체중에 불만이 많았어요. 아, 정말 이렇게 노력하는데 왜 돌고 도는 물레방아처럼 체중은 변하지 않을까?"
이때 문득 이런 생각을 하게 되었지요.

화학 반응에도 물레방아처럼 돌고 돌아도 변하지 않는 게 있다고 들었는데, 과연 더 이상 변하지 않고 그대로인 화학 반응은 무엇일까?
왜 그런 일이 일어나는 걸까?

우리는 앞에서 **가역 반응**에 대하여 공부했어요. 가역 반응 중에는 분명 반응은 일어나고 있는데 겉으로 보기에는 멈춘 것처럼 보이는 반응이 있습니다. 가장 대표적인 게 밀폐된 그릇 속에 들어 있는 물의 양의 변화이지요. 분명 그릇 속에서 물은 지속적으로 증발과 응축이 일어나고 있는데 우리는 눈으로 보지 못합니다. 이렇게 가역 반응에서 정반응과 역반응의 속도가 같아서 겉보기에는 변화가 없는 것처럼 보이는 상태를 동적 평형 상태라고 하지요.

동적 평형은 액체와 고체에서 확인할 수 있습니다. 먼저 액체의 경우에는 앞에서 설명한 것처럼 일정한 온도의 밀폐된 용기 속 물이에요. 처음에는 액체인 물이 증발되는 속도가 커서 기체인 수증기가 더 많이 생기지요. 하지만 시간이 지날수록 수증기가 다시 액체인 물로 응축되는 속도가 증가하게 됩니다. 결국 일정한 시간 후에는 액체인 물이 증발하는 속도와 기체인 수증기가 응축하는 속도가 같아지게 되지요. 이와 같은 상태를 상평형이라고 하며, 이는 액체의 증발 속도와 기체의 응축 속도가 같아서 겉보기에는 변화가 일어나지 않는 상태를 말합니다.

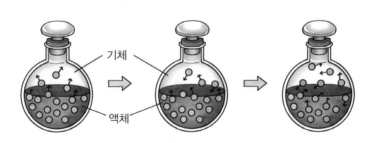

증발 속도 》 응축 속도    증발 속도 〉 응축 속도    증발 속도 = 응축 속도

**밀폐된 용기에서 액체인 물의 증발과 응축**

이번에는 고체인 설탕을 물에 녹이는 경우를 생각해 봅시다. 처음
에는 고체인 설탕의 용해 속도가 커서 물에 잘 녹지만, 일정한 시간
이 지나면 석출되는 속도가 더 크게 증가하지요. 결국 일정한 시간이
지난 후에는 더 이상 설탕이 물에 녹지 않는 걸 확인할 수 있습니다.
이처럼 용질의 용해 속도와 석출 속도가 같아서 겉으로 보기에는 용
해가 일어나지 않는 것처럼 보이는 상태를 용해 평형이라고 해요. 다
음은 설탕의 용해와 석출은 나타낸 그림입니다.

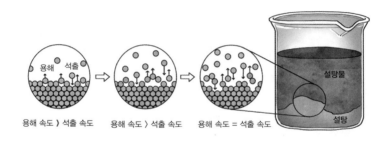

**설탕의 용해와 석출을 나타내는 용해 평형**

이렇게 우리 주변에는 멈추어 있는 것처럼 보이지만 끊임없이 반
복되는 동적 평형 반응이 존재하고 있습니다. 아울러 동적 평형에서
는 반응물의 양과 생성물의 양이 일정하게 유지된다는 것도 알고 있
어야 한답니다.

• **가역 반응과 비가역 반응의 차이**

가역 반응은 정반응과 역반응이 모두 일어날 수 있는 화학 반응입니다. 비가역 반응이란 정반응은 일어나지만 역반응은 거의 일어나지 않아서 한쪽으로만 진행되는 반응을 말해요. 정반응은 화학 반응식의 오른쪽으로 진행되며, 역반응은 왼쪽으로 진행되는 것을 말하지요.

• **동적 평형의 의미**

가역 반응에서 정반응의 속도와 역반응의 속도가 같아 겉보기에는 변화가 없는 것처럼 보이는 상태를 동적 평형 상태라고 해요. 동적 평형은 액체나 고체에서 일어나며, 동적 평형에서는 반응물의 양과 생성물의 양이 일정하게 유지되지요.

01 다음 그림은 일정한 온도에서 밀폐된 용기 속에 일정량의 물을 넣었을
   때 시간에 따른 증발과 응축을 나타낸 모형이다.

이에 대한 설명으로 옳은 것만을 〈보기〉에서 있는 대로 고른 것은? (단, 위의
모형은 동적 평형 상태가 될 때까지 충분한 시간을 둔 것이다)

───〈보기〉──────────────────────────────────────────

ㄱ. (가)에서 (다)로 갈수록 증발 속도가 점점 증가한다.

ㄴ. (나)에서는 응축되는 속도가 (가)에서 보다 더 커진다고 볼 수
   있다.

ㄷ. (다)는 동적 평형 상태이고 증발 속도와 응축 속도가 같다.

① ㄱ   ② ㄴ   ③ ㄷ   ④ ㄱ, ㄴ   ⑤ ㄴ, ㄷ

02 다음 그림은 일정한 온도에서 밀폐된 용기 속에 일정량의 액체를 넣었
   을 때의 변화와 t시간 후에 증발 속도와 응축 속도를 나타낸 것이다.

이에 대한 설명으로 옳은 것만을 〈보기〉에서 있는 대로 고른 것은?

─〈보기〉─

ㄱ. A가 응축 속도이고 B는 증발 속도를 나타낸 것이다.

ㄴ. t시간 이후에는 h의 높이가 더 이상 변하지 않는다.

ㄷ. t시간 이후에는 액체의 증발이 일어나지 않는다.

① ㄱ　　② ㄴ　　③ ㄷ　　④ ㄱ, ㄴ　　⑤ ㄴ, ㄷ

• 정답 및 해설 •

## 1. 물의 동적 평형이 일어나는 과정에 대하여 이해하고 문제를 풉니다.

ㄱ. 처음에는 액체가 기체로 증발되는 속도가 크지만 시간이 지날수록 다시 액체로 응축되는 속도가 점점 증가합니다. **따라서 틀린 보기입니다.**

ㄴ. (가)에서 (나)로 되는 과정에서는 기체에서 다시 액체로 되는 응축 속도가 점점 커지므로 (나)가 (가)보다 더 커지게 됩니다. **따라서 맞는 보기입니다.**

ㄷ. (다)의 경우 충분한 시간을 둔 것이므로 동적 평형 상태이고 증발 속
도와 응축 속도가 같다고 할 수 있습니다. **따라서 맞는 보기입니다.**

∴ **정답은 ⑤입니다.**


**2. 액체의 동적 평형 과정에 대하여 이해하고 문제를 풉니다.**

ㄱ. A가 증발 속도이고 B가 응축 속도를 나타내게 됩니다. **따라서 틀린
보기입니다.**

ㄴ. t시간 이후에는 동적 평형 상태를 이루므로 병의 수면 높이가 더 이
상 변하지 않습니다. **따라서 맞는 보기입니다.**

ㄷ. t시간 이후에는 증발 속도와 응축 속도가 같아서 더 이상 변하지 없
는 것이므로 증발은 일어나고 있습니다. **따라서 틀린 보기입니다.**

∴ **정답은 ②입니다.**

Chapter
8

# 산과 염기의
# 중화 반응

"TV에서 그리스의 오래된 건축물이 산성비로 인하여 심하게 망가지고 있다는 걸 봤어요. 이 산성비를 줄여야 하는데, 문제는 그게 참 어려운 일이라고 하네요. 과연 산성비는 어떻게 생기는 것이고, 산성은 얼마나 위험한 물질인 걸까요?"

우리 주변에는 서로 다른 성질을 가지고 있는 산과 염기가 존재하고 있습니다. 산과 염기는 서로 다른 특징을 가지고 있으므로 이를 정확하게 구분할 수 있어야 하지요.

자, 이제부터 산과 염기에 대한 내용과 중화 반응에 대하여 좀 더 자세하게 알아봅시다.

# 산과 염기

## 산과 염기

**산과 염기, 너희들은 도대체 뭐니?**
"어느 날 뉴스를 통해 황산을 싣고 가던 트럭이 전복되어 강산인 황산이 도로 위로 유출되었다는 소식을 봤어요. 정말 큰일인 것 같아요. 황산을 어떻게 해야 할까요? 다시 담기에는 너무나 위험할 것 같은데…. 그런데 소석회나 탄산나트륨을 뿌려서 중화한다는 이야기도 들었어요."
뉴스를 보던 석민이에게 궁금한 점이 생겼지요.

도로에 유출된 황산은 어떻게 처리하는 게 안전할까? 학교에서 황산은 아주 위험하다고 배운 것 같은데, 산은 도대체 어떤 물질이고 이를 중화하는 소석회나 탄산나트륨은 또 어떤 물질일까?

우리 주변에는 다양한 산들이 존재하고 있습니다. 일반적으로 산이란 수용액 중에서 **수소 이온(H⁺)**을 내놓는 물질을 말하지요. 대표적인 산에는 염산(HCl), 황산(H2SO4), 질산(HNO3), 아세트산 (CH3COOH) 등이 있습니다. 산은 공통적인 특징을 가지고 있는데, 하나씩 살펴보도록 합시다.

먼저 산은 **신맛**을 내며 수용액 상태에서 전류를 흐르게 하는 **전해질**입니다. 산은 물에 녹으면 양이온과 음이온으로 나누어지므로 서로 다른 극으로 이동하여 전류를 흐르게 하지요. 또한, 금속과 반응하여 수소 기체를 발생시키는 성질이 있습니다. 여기에서의 금속은 수소보다 반응성이 큰 금속을 말하며 보통 철(Fe), 아연(Zn), 마그네슘(Mg)등을 일컫지요. 이런 금속들은 산과 반응할 경우, 금속은 산화되고 수소 이온이 환원되는 반응이 일어납니다. 다음은 마그네슘(Mg)과 산의 반응의 예이지요.

$$Mg + 2HCl \rightarrow MgCl_2 + H_2$$

산은 탄산칼슘(CaCO3)과 반응하여 이산화탄소(CO2) 기체를 발생시킵니다. 탄산칼슘은 주로 석회석이나 조개껍질 등의 주성분인데, 산이 탄산칼슘과 반응하면 이산화탄소 기체를 발생시키는 화학 반응을 하게 되지요. 다음은 탄산칼슘이 대표적인 산인 염산과 반응하는 화학 반응식입니다.

$$CaCO_3 + 2HCl \rightarrow CaCl_2 + H_2O + CO_2$$

산은 지시약과 반응하면 공통적인 색을 나타내게 되는데 가장 대표적인 지시약으로는 리트머스, 메틸오렌지, BTB(브로모티몰블루), 페놀프탈레인 용액이 있습니다. 각 지시약은 산성을 만나면 **리트머스가 푸른색에서 붉은색, 메틸오렌지 용액이 붉은색, BTB 용액이 노란색, 페놀프탈레인 용액이 무색**이 돼요. 따라서 우리는 지시약의 색을 통하여 존재하는 물질이 산이라는 것을 알 수 있습니다.

이러한 산은 보통 HA라는 식으로 표시하며, 물에 녹으면 수소 이온($H^+$)과 음이온($A^-$)으로 나누어지는데 이를 '이온화'라고 하지요. 우리가 알고 있는 산인 염산, 황산, 질산, 아세트산 등은 모두 물속에서 수소 이온을 공통적으로 내게 되는데, 산의 성질이 모두 유사한 것은 바로 이 때문입니다. 하지만 산이 종류에 따라 성질이 다른 것은 음이온이 각기 다르기 때문이에요. 다음은 염산이 물에 이온화되는 과정을 나타낸 그림입니다.

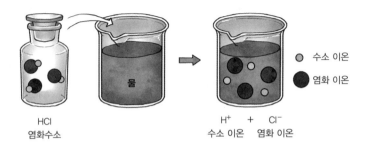

HCl
염화수소

$H^+$ + $Cl^-$
수소 이온    염화 이온

○ 수소 이온
● 염화 이온

다음은 산의 이온화와 관련된 대표적인 실험을 나타낸 것입니다. 먼저 질산칼륨($KNO_3$)과 같은 전해질을 적신 거름종이를 양극에 연결하고, 푸른색 리트머스 종이를 위에 올려요. 그 다음에는 실에 묽은 염산을 묻힌 후 중간에 위치시키고, 전원 장치를 작동시키면 (−)극 쪽으로 붉은색이 점점 이동하는 것을 확인할 수 있습니다. 이것은 양이온인 수소 이온($H^+$)이 (−)극 쪽으로 끌려가기 때문에 생기는 현상이죠. 물론 다른 이온들도 서로 다른 극인 (+)극으로 이동하지만 색깔의 변화가 없어 관찰할 수가 없는 거예요. 다음 그림은 산의 성질을 확인하기 위한 실험을 나타낸 것입니다.

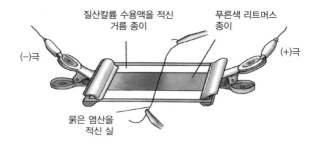

질산칼륨 수용액을 적신 거름 종이

푸른색 리트머스 종이

(−)극

(+)극

묽은 염산을 적신 실

우리 주변에는 산 못지않은 다양한 염기들이 존재하고 있습니다. 일반적으로 **염기**란 수용액에서 수산화 이온($OH^-$)을 내는 물질을 말하지요. 대표적인 염기에는 수산화나트륨($NaOH$), 수산화칼륨($KOH$), 수산화칼슘($Ca(OH)_2$) 등이 있습니다. 이러한 염기들도 공통적인 특징을 가지고 있는데, 하나씩 살펴보도록 합시다.

먼저 염기는 쓴맛을 내며 물에 녹여 수용액 상태가 되면 전류를 흐르게 하는 전해질입니다. 염기를 물에 녹이면 양이온과 음이온으로 나누어지는데, 이 이온이 서로 다른 극으로 이동하면서 전류를 흐르게 하는 거예요. 염기는 피부에 묻으면 미끈거리는 성질이 있는데, 염기가 단백질을 녹이는 성질이 있기 때문입니다.

염기는 산과 달리 금속과는 반응을 하지 않기 때문에 수소 기체를 발생시키지 않아요. 산과 염기를 구분할 때 사용할 수 있는 방법입니다. 염기도 지시약과 반응하면서 특이한 색을 나타내는데, 산성과 마찬가지로 리트머스, 메틸오렌지, BTB(브로모티몰블루), 페놀프탈레인 용액이 있어요. 각 지시약의 색은 리트머스가 붉은색에서 푸른색, 메틸오렌지 용액이 노란색, BTB 용액이 푸른색, 페놀프탈레인 용액이 붉은색입니다. 따라서 지시약의 색을 통하여 존재하는 물질이 염기라는 것을 알 수 있는 것이지요.

이러한 염기는 보통 BOH라는 식으로 표시하며 물에 녹이면 이온화되어 양이온($B^+$)과 수산화 이온($OH^-$)으로 이온화됩니다. 대표적인 염기인 수산화나트륨, 수산화칼륨, 수산화칼슘 등이 공통적인 성질을 나타내는 것은 모두 이온화되어 수산화 이온을 내놓기 때문이지요. 하지만 염기의 성질이 서로 다른 것은 양이온이 다르기 때문인 거죠. 다음은 염기인 수산화나트륨이 물에 이온화되는 과정을 나타낸 그림입니다.

NaOH
수산화나트륨

Na⁺ + OH⁻
나트륨 이온 수산화 이온

OH⁻
Na⁺

이처럼 산과 염기는 자신만의 공통적인 특징을 가지고 있습니다. 이러한 특징으로 산과 염기를 다른 물질과 아주 쉽게 구별할 수 있는 것이지요. 주변에 있는 물질이 산인지 염기인지 궁금하다면 여러 가지 지시약의 색 변화를 통하여 아주 간단하게 확인할 수 있답니다.


## 산과 염기의 정의

산과 염기는 어떻게 정의할까?

"오늘 화학 시간에 산과 염기에 대하여 공부했어요. 산은 수용액 중에서 수소 이온을 내놓고 염기는 수산화 이온을 내놓는다는 내용이었죠." 그런데 성식이가 이상한 점을 발견했어요.

암모니아수가 염기성 물질이라고 책에 나와 있었는데, 화학식을 보니 수산화 이온이 없는 거예요. 그렇다면 암모니아수는 염기성이 될 수 없는 건데, 정확한 이유가 있을까요?

산과 염기를 정의하는 방법에는 여러 가지가 있습니다. 먼저 **아레니우스의 정의**는 산과 염기가 물에 녹아서 이온화 되는 것을 근거로 하여 정의하는 방법이지요. 이 정의에 따르면 산이란 수용액 중에서 수소 이온($H^+$)을 내놓는 물질을 말하여, 염기란 수용액 중에서 수산화 이온($OH^-$)을 내놓는 물질을 말합니다. 산의 예를 들면, 염산($HCl$)은 수용액 중에서 이온화하여 수소 이온($H^+$)과 염화 이온($Cl^-$)을 내놓기 때문에 이 정의에 해당되는 산이 되지요. 다음 그림은 염산의 이온화를 모형으로 나타낸 아레니우스의 산입니다.

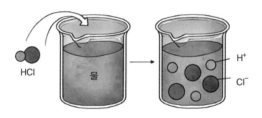

염기의 예를 들면, 수산화나트륨($NaOH$)은 수용액 중에서 이온화하여 나트륨 이온($Na^+$)과 수산화 이온($OH^-$)을 내놓기 때문에 이 정의에 해당하는 염기가 되는 것입니다. 다음 그림은 수산화나트륨의 이온화를 모형으로 나타낸 아레니우스의 염기입니다.

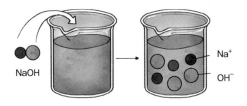

하지만 아레니우스의 정의에 의한 산과 염기에는 문제점이 등장합니다. 수소 이온($H^+$)을 내놓지 않는 산이나 수산화 이온($OH^-$)을 내놓지 않는 염기의 경우 설명할 수가 없으며, 수용액이 아닌 경우에서도 산과 염기를 적용할 수가 없기 때문이지요. 이러한 문제점으로 인하여 좀 더 넓은 범위의 산과 염기에 대한 정의가 필요로 하게 되었습니다.

이 문제점을 보완하기 위하여 등장한 정의가 바로 **브뢴스테드-로리**의 정의입니다. 이 정의에 따르면 산은 양성자($H^+$)를 주는 **양성자 주개**이며, 염기는 양성자($H^+$)를 받는 **양성자 받개**이지요. 산의 예를 들면 염산($HCl$)은 수용액에서 물($H_2O$)에게 양성자를 주므로 산이 되고, 물은 염산으로부터 양성자를 받으므로 염기입니다. 염기의 예를 들면 암모니아($NH_3$) 수용액에서 물($H_2O$)은 암모니아에게 양성자를 주므로 산이고, 암모니아는 물에게 양성자를 받으므로 염기가 되는 것이지요.

$$\text{HCl} + \text{H}_2\text{O} \longrightarrow \text{Cl}^- + \text{H}_3\text{O}^+$$

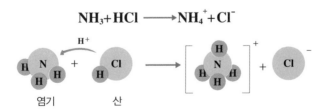

$$\text{NH}_3 + \text{H}_2\text{O} \longrightarrow \text{NH}_4^+ + \text{OH}^-$$

브뢴스테드-로리의 산과 염기 모형(I)

아울러 브뢴스테드-로리의 정의는 수용액이 아닌 경우에도 적용이 가능한데, 예를 들면 암모니아($\text{NH}_3$)와 염화수소($\text{HCl}$)가 반응하여 암모늄 이온($\text{NH}_4^+$)과 염화 이온($\text{Cl}^-$)이 되는 반응도 설명이 가능합니다. 이 반응에서 염화수소($\text{HCl}$)는 암모니아($\text{NH}_3$)에게 양성자($\text{H}^+$)를 주므로 산이고, 암모니아($\text{NH}_3$)는 염화수소($\text{HCl}$)에게 양성자($\text{H}^+$)를 받으므로 염기가 되는 것이지요.

$$\text{NH}_3 + \text{HCl} \longrightarrow \text{NH}_4^+ + \text{Cl}^-$$

브뢴스테드-로리의 산과 염기 모형(II)

이러한 산과 염기의 반응에서는 산으로 작용할 수도 있고 염기로도 작용할 수 있는 물질이 있습니다. 이러한 물질을 양쪽성 물질이라고 하죠. 이 양쪽성 물질은 수용액 상태에서 양성자($H^+$)를 줄 수도 있고 받을 수도 있는 물질입니다. 가장 대표적인 물질로는 $H_2O$(물), $HS^-$(황화수소이온), $HCO_3^-$(탄산수소이온), $HSO_4^-$(황산수소이온) 등이 있지요. 다음은 양쪽성 물질인 물($H_2O$)이 산과 염기로 모두 작용하는 반응식입니다.

$$HCl(aq) + \underset{\text{염기}}{H_2O(l)} \longrightarrow H_3O^+(aq) + Cl^-(aq)$$

$$NH_3(aq) + \underset{\text{산}}{H_2O(l)} \longrightarrow NH_4^+(aq) + OH^-(aq)$$

아레니우스와 브뢴스테드-로리의 정의는 우리에게 산과 염기를 이해하고 공부하는 데 도움을 주는 방법입니다. 따라서 산과 염기의 반응의 경우 두 가지의 정의를 적용하여 구분할 수 있어야 한답니다.

• 산이란?

산이란 수용액 중에서 수소 이온($H^+$)을 내놓는 물질을 말하고, 대표적인 산에는 염산(HCl), 황산($H_2SO_4$), 질산($HNO_3$), 아세트산($CH_3COOH$) 등이 있어요. 산이 공통적인 성질을 나타내는 것은 수용액 중에서 수소 이온($H^+$)을 내기 때문이지요. 산은 신맛, 전해질, 금속이나 탄산칼슘과 반응, 지시약의 공통적인 색 변화 등을 통하여 구별할 수 있어요.

• 염기란?

염기란 수용액에서 수산화 이온($OH^-$)을 내는 물질을 말하고, 대표적인 염기에는 수산화나트륨(NaOH), 수산화칼륨(KOH), 수산화칼슘($Ca(OH)_2$) 등이 있어요. 염기가 공통적인 성질을 나타내는 것은 수용액 중에서 수산화 이온($OH^-$)을 내기 때문이지요. 염기는 쓴맛, 전해질, 미끈거림, 지시약의 공통적인 색 변화 등을 통하여 구별할 수 있어요.

• 아레니우스의 산과 염기

아레니우스의 정의는 산과 염기가 물에 녹아서 이온화 되는 것을 근거로 하여 정의해요. 산이란 수용액 중에서 수소 이온($H^+$)을 내놓는 물질을 말하여, 염기란 수용액 중에서 수산화 이온($OH^-$)을 내놓는 물질을 말해요. 이 정의의 문제점은 수소 이온($H^+$)을 내놓지 않는 산이나 수산화 이온($OH^-$)을 내놓지 않는 염기의 경우, 수용액이 아닌 경우에도 산과 염기를 적용할 수가 없어요.

• 브뢴스테드-로리의 산과 염기

브뢴스테드-로리의 정의는 아레니우스의 정의에서 생긴 한계점을 해결하기 위하여 제안되었으며 산은 양성자($H^+$)를 주는 '양성자 주개'이며, 염기는 양성자($H^+$)를 받는 '양성자 받개'이지요. 양쪽성 물질은 반응에 따라서 산도 되고 염기도 되는 물질을 말해요.

# 물의 자동 이온화와 pH

## 물의 자동 이온화 반응

**물은 이렇게 변해요!**

"오늘 화학 시간에 물에 대하여 공부했어요. 그런데 물이 가지는 성질 중에서 아주 특이한 것을 배웠지요. 바로 순수한 물이라고 해도 약하게 전류가 흐른다는 거죠. 원래 물은 공유 결합을 하고 있어서 이온을 만들기 어려운 성질이 있는데 특이하게도 물 분자들끼리 수소 이온을 주고받는다는 거예요."

우와, 정말 특이한데? 어떻게 물 분자끼리 이온을 주고받을 수 있지? 이유는 과연 무엇일까?

앞에서 공유 결합의 대표적인 화합물인 물($H_2O$)이 양쪽성 물질이라는 걸 공부한 적이 있습니다. 물은 그 상태 그대로 있는 것이 아니라 같은 물 분자들끼리 특이한 반응을 하는 경우가 있죠. 아주 적은 양이지만 물 분자끼리 서로 수소 이온($H^+$)을 주고받아 이온화하는 반응을 합니다. 이런 반응을 물의 **자동 이온화 반응**이라고 하죠. 물의 자동 이온화 반응은 가역 반응으로, 동적 평형에 도달하면 정반응과 역반응이 같은 속도로 일어나게 되어 농도가 일정하게 유지되는 겁니다. 다음은 물의 자동 이온화 반응을 나타내는 반응식이에요.

$$H_2O + H_2O \rightleftarrows H_3O^+ + OH^-$$
산　　염기　　산　　염기

물의 자동 이온화 반응이 동적 평형에 도달하면 하이드로늄 이온($H_3O^+$)과 수산화 이온($OH^-$)의 몰 농도가 일정하게 유지됩니다. 아울러 이 물질의 몰 농도의 곱이 일정한 값을 가지게 되는데, 이를 물의 이온화 상수라고 하지요. 물의 이온화 상수는 약자로 $K_w$라고 하며, 25℃ 순수한 물에서는 하이드로늄 이온($H_3O^+$)과 수산화 이온($OH^-$)의 몰 농도가 모두 $1.0 \times 10^{-7}$M 입니다. 이러한 식을 정리하면 물의 이온화 상수는 다음과 같이 쓸 수 있지요.

$$K_w = [H_3O^+] \cdot [OH^-] = 1.0 \times 10^{-14} \quad (25℃)$$

이러한 물의 이온화 상수는 온도가 일정할 때 그 수치도 일정하므로 다양하게 이용이 가능합니다. 예를 들어 수용액에서 하이드로늄 이온($H_3O^+$)의 몰 농도를 알면 수산화 이온($OH^-$)의 몰 농도를 구할 수 있는 것이지요. 또한 하이드로늄 이온과 수산화 이온의 크기를 비교하여 수용액의 액성도 예측할 수 있습니다. 다음 표는 농도에 따른 수용액의 액성을 비교한 거예요.

| 농도 비교 | $[H_3O^+] > [OH^-]$ | $[H_3O^+] = [OH^-]$ | $[H_3O^+] < [OH^-]$ |
|---|---|---|---|
| 수용액의 액성 | 산성 | 중성 | 염기성 |

이렇게 물은 자동 이온화 반응을 통하여 액성이 변하기도 하며, 일반적으로 물의 이온화 상수는 25℃를 기준으로 한다는 것을 기억해야 합니다.

## pH

pH, 넌 도대체 뭐니?
"오늘은 엄마랑 화장실 대청소를 했어요. 엄마는 락스로 변기와 세면대를 세척했죠. 락스 냄새가 별로 좋진 않았지만 우리에게 좋지 않은 세균들을 제거하는 것이므로 참을 수 있었어요. 그런데 우연히 락스의 라벨에서 강알칼리성이라고 쓰여 있고 pH가 12라는 문구를 보았어요. 어? pH라는 걸 교과서에서 본 적이 있는데?"
순간 승민이는 이런 생각을 하게 됐어요.

pH는 무슨 뜻일까? 무슨 약자인 것 같기도 하고?

앞에서 우리는 산성과 염기성을 공부하며 하이드로늄 이온($H_3O^+$)
과 수산화 이온($OH^-$)의 농도를 비교하는 방법을 배웠습니다. 하지
만 일반적인 용액에서 실제로 사용되는 [$H_3O^+$]와 [$OH^-$]의 수치는
너무나 작아서 비교하기도 어렵고 사용하기 불편한 경우가 많았지
요. 이에 덴마크의 화학자인 쇠렌센은 수용액 속의 [$H_3O^+$]의 역수에
상용로그를 취한 값인 **pH**를 사용할 것을 제안했습니다. 다음은 수
용액에서 pH를 나타내는 것이지요.

$$pH = -\log[H_3O^+] \Rightarrow [H_3O^+] = 10^{-pH}$$

여기에서 pH의 의미를 분석하면 수용액 중에서 [$H_3O^+$]의 농도가
커지면 pH 값이 작아지고 산성이 강해지며, 반대의 경우에는 산성이
약해집니다. 또, 수용액에서 pH의 수치가 1씩 작아질수록 수용액 속
의 [$H_3O^+$]는 10배씩 커지게 되지요. 예를 들어 pH가 3인 수용액은 4
인 수용액보다 [$H_3O^+$]가 10배 더 크다고 할 수 있고 5인 수용액이라
면 [$H_3O^+$]가 100배 더 큽니다. 수용액에서는 [$H_3O^+$] 대신에 [$OH^-$]
를 사용하며 나타낼 수도 있는데 이를 pOH라고 하지요. 다음은 수용
액에서 pOH를 나타낸 것입니다.

$$pOH = -\log[OH^-] \Rightarrow [OH^-] = 10^{-pOH}$$

만약 25℃에서 물의 이온화 상수($K_w$)를 이용하여 pH와 pOH를 정리하면 다음과 같이 식을 정리할 수 있지요.

$$pH + pOH = 14 \quad (25℃)$$

이러한 식을 중심으로 생각해 보면 25℃에서는 중성의 경우 pH와 pOH는 모두 7이며, 산성의 경우에는 pH가 7보다 작고 pOH는 7보다 큽니다. 염기성의 경우 pH는 7보다 크고 pOH는 7보다 작지요. 다음 그림은 25℃에서 pH와 pOH의 관계를 나타낸 것입니다.

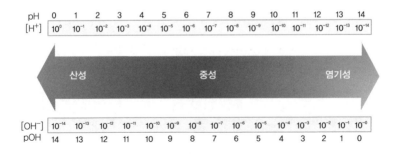

아울러 주변에 존재하는 물질들의 pH를 조사해 보면 그 액성을 예측할 수 있습니다. 다음 그림은 여러 가지 물질들의 pH를 나타낸 거예요.

그렇다면 이렇게 다양한 물질들의 pH는 어떻게 측정할까요? 주로 pH의 측정에는 지시약, pH 시험지, pH 측정기 등을 이용합니다. 지시약의 경우에는 pH에 따른 색의 변화로 용액의 액성을 판단할 수 있지요. 다음은 대표적인 지시약을 나타낸 것입니다.

| 지시약 | 색깔 | | |
|---|---|---|---|
| | 산성 | 중성 | 염기성 |
| 리트머스 종이 | 붉은색 | − | 푸른색 |
| 페놀프탈레인 용액 | 무색 | 무색 | 빨간색 |
| 메틸오렌지 용액 | 빨간색 | 노란색 | 노란색 |
| BTB 용액 | 노란색 | 초록색 | 파란색 |

pH 시험지는 여러 가지 지시약을 섞어서 이를 종이에 적셔서 만든 것으로, 색의 변화를 통하여 그 용액의 pH를 쉽게 알 수 있지요.

pH 측정기의 경우에는 수소 이온 농도에 따른 전기 전도도의 차이를 이용한 장치로, 정확한 pH를 측정할 때 사용해요. 이처럼 pH를 통하여 물질의 액성을 확인할 수 있으므로, pH는 참으로 유용한 단위랍니다.

• 물의 자동 이온화 반응은?

물($H_2O$)은 그 상태로 그대로 있는 것이 아니라 물 분자끼리 서로 수소 이온($H^+$)을 주고받아 이온화하는데, 이 반응을 물의 자동 이온화 반응이라고 해요. 또한, 25℃ 순수한 물에서 하이드로늄 이온($H_3O^+$)과 수산화 이온($OH^-$)의 몰 농도가 모두 $1.0 \times 10^{-7}$M이므로 물의 이온화 상수($K_w$)는 $1.0 \times 10^{-14}$M이 되지요.

• pH는?

pH는 수용액 속의 $[H_3O^+]$의 역수에 상용로그를 취한 값을 말하며 pH=$-\log[H_3O^+]$으로 나타낼 수 있지요. 수용액에서는 $[H_3O^+]$ 대신에 $[OH^-]$를 사용하며 나타낼 수도 있는데 이를 pOH라고 해요. 수용액에서 pOH=$-\log[OH^-]$으로 나타내요. 25℃에서 물의 이온화 상수($K_w$)를 이용하여 pH와 pOH를 정리하면 pH+pOH=14가 돼요.

# 중화 반응

## 중화 반응의 정의

**중화 반응, 넌 도대체 뭐니?**

"오늘 가족들과 함께 횟집에 갔어요. 오랜만에 먹는 생선회가 너무 맛있어서 기분이 좋아졌지요. 그런데 생선회 옆에 레몬 조각이 놓여 있더라구요. 웬 레몬이 있나 생각이 들었죠. 책을 찾아보니 생선회의 비린 냄새를 없애기 위해서 레몬즙을 뿌리는 것이라고 나와 있었어요."

인영이는 문득 궁금한 점이 생겼어요.

생선의 비린내를 레몬즙으로 없애는 건 일종의 중화 반응을 이용하는 거라는데, 도대체 어떻게 이런 원리가 적용되는 걸까?

우리는 앞에서 산과 염기가 어떤 특성을 가지고 있는지 공부했어요. 산과 염기를 서로 섞으면 처음과는 다른 물질이 만들어지게 되는

데, 이것을 **중화 반응**이라고 합니다. 중화 반응이란 수용액에서 **산과 염기가 반응하여 물과 염을 생성하는 반응**을 말합니다. 대표적인 예로 묽은 염산(HCl)과 수산화나트륨(NaOH)의 반응이 있어요.

먼저 각각의 수용액에서 묽은 염산(HCl)은 수소 이온($H^+$)과 염화 이온($Cl^-$)으로 이온화되고, 수산화나트륨(NaOH)은 나트륨 이온($Na^+$)과 수산화 이온($OH^-$)으로 이온화됩니다. 이온화된 후 두 수용액을 섞게 되면 수소 이온과 수산화 이온이 반응하여 물($H_2O$)이 되고, 나머지는 이온 상태 그대로 남아 있게 되지요. 따라서 이 반응이 끝난 후에 가열을 하여 물을 증발시키면 염인 염화나트륨(NaCl)이 얻어지게 되는 거예요.

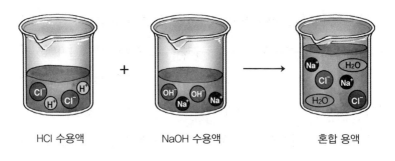

HCl 수용액　　　　　NaOH 수용액　　　　　혼합 용액

**염산(HCl)과 수산화나트륨(NaOH)의 반응**

이 반응에서는 실제로 반응에 참여한 이온과 그렇지 않은 이온으로 구분할 수 있습니다. 실제로 반응에 참여한 이온을 **알짜 이온**이라고 하며, 화학 반응에 참여하지 않고 반응 후에도 그대로 용액에 남

아있는 이온을 **구경꾼 이온**이라고 하지요. 따라서 이 반응에서는 알 짜 이온이 수소 이온($H^+$)과 수산화 이온($OH^-$)이고, 구경꾼 이온이 나트륨 이온($Na^+$)과 염화 이온($Cl^-$)이 됩니다. 이렇게 화학 반응에 서 실제로 반응에 참여한 이온만을 나타낸 것을 **알짜이온 반응식**이 라고 해요.

$$H^+(aq) + OH^-(aq) \rightarrow H_2O(l)$$

아울러 산과 염기의 반응에서 수소 이온($H^+$)과 수산화 이온($OH^-$) 은 1:1의 몰비로 반응합니다. 따라서 같은 개수의 수소 이온과 수산 화 이온이 반응할 때 완전히 중화 반응을 하는 거죠.

중화 반응은 우리 생활에서 다양하게 이용됩니다. 가장 대표적인 예로는 생선의 비린내를 제거하기 위한 레몬즙 뿌리기, 위산이 지나 치게 분비되어 속이 쓰릴 때 제산제 복용하기, 벌레에 물렸을 때 암 모니아수 바르기, 신 김치찌개에 소다 넣기 등이 있지요. 이처럼 중 화 반응은 산과 염기로 할 수 있는 아주 재미있는 화학 반응이라고 볼 수도 있겠습니다.

# 중화 반응의 양적 관계

**중화 반응 속에 숨겨진 비밀은?**

"오늘 TV에서 요리 관련 프로그램을 보았어요. 여러 가지 다양한 소스들을 섞어서 만들어진 음식은 참으로 맛있어 보였지요. 음식을 먹는 출연자들의 표정을 보니 정말 맛이 좋다는 느낌을 받았어요."

순간 지은이는 이런 생각을 하게 되었어요.

다양한 소스들이 섞였는데 어떻게 맛이 좋아지는 걸까? 오히려 이상해질 것 같았는데…. 중화 반응의 경우에도 비슷하지. 강산과 강염기를 섞으면 더 위험해지는 게 아닐까? 하지만 결과는 전혀 다르게 나온다고 배우기도 했고…. 도대체 중화 반응 속에 숨겨진 비밀은 무엇일까?

우리는 앞에서 중화 반응은 수소 이온($H^+$)과 수산화 이온($OH^-$)이 1:1의 비로 반응하며, 같은 수만큼의 물이 생성된다고 배웠습니다. 이 말은 만약 산과 염기를 혼합할 때 혼합 용액에 존재하는 수소이온과 수산화 이온의 수가 다르다면 액성이 달라진다는 의미하죠.

예를 들어 수산화나트륨($NaOH$)에 묽은 염산($HCl$)을 넣어서 중화반응을 할 경우, 처음에는 액성이 염기성으로 시작하지만, 수소 이온($H^+$)과 수산화 이온($OH^-$)의 수가 같으면 중성이 되고, 그 이후에도 계속 묽은 염산($HCl$)이 들어가면 최종적으로 산성이 되는 겁니다.

염기성       염기성       중성       산성

**중화 반응에서 수소 이온($H^+$)과 수산화 이온($OH^-$)의 수에 따른 용액의 액성**

만약 묽은 염산과 수산화나트륨의 중화 반응에서 묽은 염산 100개, 수산화나트륨 50개가 반응한다면 액성은 산성이며, 100개씩으로 같다면 중성, 묽은 염산 50개와 수산화나트륨 100개가 반응한다면 염기성이 됩니다.

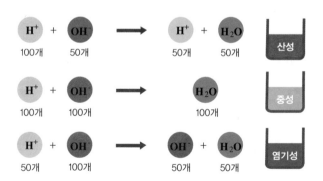

**중화 반응에서 입자의 숫자에 따른 용액의 액성**

중화 반응에서 완전 중화가 되려면 산과 염기가 내놓은 수소 이온과 수산화 이온의 몰수가 같아야 합니다. 농도가 M(mol/L)인 n가의 산 V(L) 속에 들어 있는 $H^+$의 몰수는 $n \cdot M \cdot V$이고, 농도가 M′(mol/L)인 n′가의 염기 V′(L) 속에 들어 있는 $OH^-$의 몰수는 $n' \cdot M' \cdot V'$가 되지요. 여기에서 n의 의미는 산이나 염기가 최대로 내놓을 수 있는 양(몰)을 의미합니다. 만약 염산(HCl)이라면 n은 1이고, 황산($H_2SO_4$)이라면 n은 2가 되지요. 이런 중화 반응을 식으로 정리하면 다음과 같습니다.

$$산의 \ H^+의 \ 몰 \ 수 = 염기의 \ OH^-의 \ 몰 \ 수$$
$$n \cdot M \cdot V = n' \cdot M' \cdot V'$$

**(n, n′ : 산, 염기의 가수 / M, M′ : 산, 염기의 몰 농도 /**
**V, V′ : 산, 염기의 부피)**

만약 0.1M의 황산($H_2SO_4$) 수용액 100mL를 0.1M의 수산화나트륨(NaOH) 수용액으로 완전 중화한다고 가정해 봅시다. 이때 필요한 수산화나트륨 수용액의 부피를 구하는 경우, 위 식을 활용해 구할 수 있지요. 먼저 황산($H_2SO_4$) 수용액의 n은 2이고, 몰 농도는 0.1M, 부피는 0.1L가 됩니다. 수산화나트륨(NaOH) 수용액은 n이 1이고 몰 농도는 0.1M이므로, 식으로 쓰면 '$2 \times 0.1M \times 0.1L = 1 \times 0.1M \times 부피$'가 돼요. 그러므로 수산화나트륨 수용액의 부피는 0.2L(200mL)라는 것을 알 수 있습니다. 이처럼 중화 반응의 경우 반응하는 양이 정해져 있으므로 양적 관계를 잘 이해하고 있어야 한답니다.

## 중화 적정

산은 염기로! 염기는 산으로!
"오늘 영화에서 탐정인 주인공이 범인이 남긴 흔적을 따라 수사하는 장면을 봤어요. 결국 주인공이 다른 사람들은 찾지 못한 범인의 흔적을 찾아내어 그 자료를 경찰에게 넘기는 장면을 봤죠."
순간 명진이는 이런 생각을 했어요.

주인공이 범인의 흔적을 따라 잘 모르는 사건의 실마리를 따라간 것처럼, 중화 반응에서도 산의 농도를 이용하여 잘 모르는 염기의 농도를 알아내는 방법이 있다고 하던데… 과연 어떻게 하는 것일까?

앞에서 우리는 중화 반응의 양적 관계에 대하여 공부했습니다. 이러한 양적 관계를 이용한다면 농도를 모르는 산이나 염기의 농도도 알아낼 수 있지요. 이러한 과정을 응용한 것으로 중화 적정이 있습니다. 중화 적정이란 이미 농도를 알고 있는 산이나 염기 수용액을 이용하여 농도를 알지 못하는 염기나 산 용액의 농도를 알아내는 실험 방법을 말해요.

이러한 중화 적정에 사용되는 실험 기구로는 부피플라스크, 피펫,

뷰렛 등이 주로 사용됩니다. 부피플라스크는 주로 정확한 농도의 표준용액을 만들 때 사용하며, 피펫은 일정량의 산이나 염기를 취하여 다른 그릇에 옮길 때 사용하지요. 뷰렛은 중화 반응에 쓰인 용액의 부피를 정확히 측정하는 데 사용합니다.

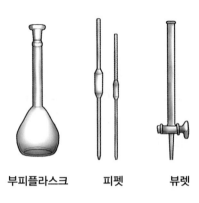

부피플라스크   피펫   뷰렛

또, 중화 적정에서 사용하는 주된 용어로는 표준 용액, 중화점, 종말점 등이 있습니다. 먼저 표준 용액은 이미 농도를 정확히 알고 있는 산이나 염기 용액을 말하며, 중화점은 이론상의 중화 반응이 완결된 점을 말하지요. 종말점이란 지시약을 이용하여 실험적으로 찾은 중화점을 말합니다. 이러한 용어들은 중화 적정에서 주로 사용되므로 잘 알고 있어야 해요.

다음은 대표적인 중화 적정의 예로 수산화나트륨(NaOH) 수용액으로 식초를 중화 적정하는 실험 과정을 정리한 것입니다.

① 질량을 정확히 측정한 시약을 부피플라스크에 넣고 증류수를 가해 흔들어 준 후, 시료가 다 녹으면 표선까지 증류수를 가하고 마개를 막아 둡니다.

② 농도를 모르는 산이나 염기를 피펫의 눈금보다 조금 위까지 빨아올리고 손가락으로 막은 후, 액면이 눈금까지 내려오게 조절하고 삼각 플라스크로 옮깁니다.

③ 삼각 플라스크의 용액에 지시약인 페놀프탈레인 용액을 2~3방울 넣고 흔들어 줍니다.

**페놀프탈레인 용액**

④ 농도를 알고 있는 표준 용액(0.1M 수산화나트륨)을 뷰렛에 넣고 콕을 열어 아랫부분의 공기를 내보낸 후 표준 용액을 조금씩 떨어뜨립니다. 지

시약의 색깔이 변하는 순간 뷰렛의 콕을 잠그고 사용된 표준 용액의
부피를 측정합니다.

뷰렛

0.1M
NaOH

⑤ 과정 ②~④의 과정을 2~3회 반복하여 중화 적정에 사용한 식초의 평
　균 부피 값을 구합니다.


　실험 결과의 분석은 중화 반응의 양적 관계의 식인 $n \cdot M \cdot V =$
$n' \cdot M' \cdot V'$를 이용하여 식초 속의 아세트산 농도를 구하면 됩니
다. 아울러 이 실험에서 지시약의 색이 변하는 순간이 산의 수소 이
온($H^+$)과 염기의 수산화 이온($OH^-$)의 개수가 같아져서 완전히 중화
반응이 일어나는 중화점이 되는 거죠. 이처럼 중화 적정은 산과 염기
를 이해하는 데 도움을 주고, 잘 모르는 산과 염기의 농도를 구하는
데 아주 유용하게 사용할 수 있는 방법이랍니다.

• 중화 반응은?

　　중화 반응이란 수용액에서 산과 염기가 반응하여 염과 물을 생성하는 반응을 말해요. 중화 반응에는 알짜 이온과 구경꾼 이온이 있고 알짜 이온에는 수소 이온($H^+$)과 수산화 이온($OH^-$)이 있어요. 알짜 이온 반응식은 수소 이온($H^+$)과 수산화 이온($OH^-$)이 반응하여 물($H_2O$)을 만드는 거예요.

• 중화 반응의 양적 관계는?

　　산과 염기를 혼합할 때, 만약 혼합 용액에 존재하는 수소 이온($H^+$)과 수산화 이온($OH^-$)의 수가 다르다면 액성이 달라지는 것을 의미해요. 만약 중화 반응에서 완전 중화되려면 산과 염기가 내놓은 $H^+$과 $OH^-$의 몰수가 같아야 해요.

• 중화 적정은?

　　중화 적정은 이미 농도를 알고 있는 산이나 염기 수용액을 이용하여 농도를 알지 못하는 염기나 산 용액의 농도를 알아내는 실험 방법을 말해요. 중화 적정 과정에서는 농도를 알고 있는 표준 용액을 사용하며, 실험으로 측정된 산과 염기의 부피를 사용하여 농도를 구할 수 있어요.

01 다음은 산 염기 반응의 화학 반응식이다.

> ⟨보기⟩
>
> (가) $HCl(aq) + H_2O(l) \rightarrow Cl^-(aq) + H_3O^+(aq)$
>
> (나) $CH_2(NH_2)COOH(aq) + OH^-(aq) \rightarrow$
> $$CH_2(NH_2)COO^-(aq) + H_2O(l)$$
>
> (다) $NH_3(aq) + H_2O(l) \rightarrow NH_4^+(aq) + OH^-(aq)$

이에 대한 옳은 설명만을 ⟨보기⟩에서 있는 대로 고른 것은?

> ⟨보기⟩
>
> ㄱ. (가)에서 $HCl$은 아레니우스 산이다.
>
> ㄴ. (나)에서 $CH_2(NH_2)COOH$은 브뢴스테드-로리 산이다.
>
> ㄷ. (가)와 (다)에서 $H_2O$는 양쪽성 물질이다.

① ㄱ    ② ㄷ    ③ ㄱ, ㄴ    ④ ㄴ, ㄷ    ⑤ ㄱ, ㄴ, ㄷ

02 다음은 pH에 따른 만능 pH 시험지의 색 변화이다.

| pH | 1 | 2 | 4 | 7 | 9 | 11 |
|---|---|---|---|---|---|---|
| 색 변화 | 붉은색 | 주황색 | 노란색 | 녹색 | 푸른색 | 보라색 |

위와 같은 만능 pH 시험지에 귤즙을 묻혔더니 노란색으로 변했다. 이와 관련한 설명으로 옳은 것만을 ⟨보기⟩에서 모두 고른 것은?

<보기>

ㄱ. pH 시험지의 색 변화로 보아 귤즙은 산성을 띤다.

ㄴ. 25℃의 순수한 물에 pH 시험지를 묻히면 노란색이 된다.

ㄷ. 산성이 강할수록 pH 시험지의 색이 진한 푸른색으로 변한다.

① ㄱ  ② ㄴ  ③ ㄷ  ④ ㄱ, ㄴ  ⑤ ㄱ, ㄷ

03 다음 표는 HCl(aq), NaOH(aq), KOH(aq)의 부피를 달리하여 혼합한 용액 (가)~(다)에 대한 자료이다.

| 혼합 용액 | | (가) | (나) | (다) |
|---|---|---|---|---|
| 혼합 전 용액의 부피(mL) | HCl(aq) | 10 | 5 | 15 |
| | NaOH(aq) | $x$ | 0 | $2x$ |
| | KOH(aq) | 0 | $y$ | $y$ |
| 1mL당 Cl⁻의 수 | | 4N | 3N | 3N |
| 생성된 물 분자 수 | | 15N | 30N | 75N |

이에 대한 옳은 설명만을 〈보기〉에서 있는 대로 고른 것은?(단, 혼합 용액의 부피는 혼합 전 각 용액의 부피의 합과 같다)

---
〈보기〉

ㄱ. $x+y$는 10이다.

ㄴ. (나)는 산성이다.

ㄷ. 1mL당 이온 수는 KOH(aq)이 NaOH(aq)의 3배이다.

---

① ㄱ    ② ㄴ    ③ ㄱ, ㄴ    ④ ㄱ, ㄷ    ⑤ ㄴ, ㄷ


• 정답 및 해설 •

**1. 산과 염기의 정의를 이해하고 바르게 해석하고 있는 것을 고르면 됩니다.**

ㄱ. (가)에서는 염산이 물에 녹아서 수소 이온($H^+$)을 내므로 아레니우스의 산입니다. **따라서 맞는 보기입니다.**

ㄴ. (나)에서 $CH_2(NH_2)COOH$은 $OH^-$에 수소 이온($H^+$)을 주므로 브뢴스테드-로리 산입니다. **따라서 맞는 보기입니다.**

ㄷ. (가)에서 $H_2O$는 염기이고 (다)에서 산이다. 따라서 $H_2O$는 산도 되고 염기도 되므로 양쪽성 물질이다. **따라서 맞는 보기입니다.**

∴ **정답은 ⑤입니다.**

2. pH의 정의를 이해하고 바르게 해석하고 있는 것을 고릅니다.

ㄱ. 귤즙의 색이 노란색이므로 pH는 4이고 액성은 산성입니다. **따라서 맞는 보기입니다.**

ㄴ. 순수한 물의 pH는 7이므로 색은 녹색이 됩니다. **따라서 틀린 보기입니다.**

ㄷ. 산성이 강할수록 pH의 수치는 점점 낮아지므로 진한 푸른색이 아니라 붉은색으로 변합니다. **따라서 틀린 보기입니다.**

∴ 정답은 ①입니다.

3. 산과 염기의 중화 반응의 양적 관계를 파악하고 문제를 풉니다. 1mL 당 $Cl^-$의 수 비는 (가):(나):(다)=4:3:3=$\dfrac{10}{10+x}$ : $\dfrac{5}{5+y}$ : $\dfrac{15}{15+2x+y}$ 이므로 $x=y=5$이다. 혼합 전 각 용액의 $H^+$, $OH^-$ 수는 다음과 같다.

| 혼합 용액 | | (가) | (나) | (다) |
|---|---|---|---|---|
| 혼합 전 | HCl(aq)의 $H^+$ | 60N | 30N | 90N |
| | NaOH(aq)의 $OH^-$ | 15N | 0 | 30N |
| | KOH(aq)의 $OH^-$ | 0 | 45N | 45N |

ㄱ. $x=y=5$이므로 더하면 10입니다. **따라서 맞는 보기입니다.**

ㄴ. (나)는 염기인 KOH의 OH⁻의 이온 수가 더 많으므로 염기성입니다. **따라서 틀린 보기입니다.**

ㄷ. 1mL당 이온 수는 NaOH(aq)의 이온 수가 15N이고 KOH(aq)의 이온 수는 45N이므로 3배입니다. **따라서 맞는 보기입니다.**

∴ **정답은 ④입니다.**

Chapter
9

# 산화와 환원 반응

·

어느 날 다큐멘터리 방송에서 '만약 지구상에서 인간이 없어진다면?'이라는
방송을 보았어요. 지구상에서 인간이 없어지고 난 100년 뒤에는, 특히 철로
지어진 건축물들이 존재하지 않을 거라고 했죠. 가장 큰 이유는 철이 부식으
로 인해 강도가 약해진다는 것이었어요. 이를 통해 금속 중에서도 철은 부식
과 같은 산화 반응에 취약하다는 걸 알게 됐죠.

우리 주변에는 아주 다양한 산화 반응이 일어나며 동시에 환원 반응도 함께
일어나요. 다시 말하면 한 가지가 산화되는 경우에 또 다른 한 가지는 환원된
다는 것입니다.

이번 장에서는 산화와 환원 반응을 어떻게 정의하는지 살펴보고
그 변화가 무엇을 의미하는지도 공부하도록 합시다.

# 산화와 환원 반응

## 산소와 산화·환원 반응

산소, 이렇게 반응시켜요!
"뉴스에 제철소에서 근무하는 근로자들이 더운 여름에도 뜨거운 용광로에서 일하는 내용이 나왔어요. 그 과정에서 철광석을 뜨거운 용광로에 녹인 후 산소를 분리하여 순수한 철을 얻는다는 이야기도 들었죠."
이때 도윤이는 이런 생각을 했어요.

왜 철광석에는 산소가 들어있는 걸까? 순수한 철이 존재한다면 굳이 이런 과정을 거치지 않아도 됐을 텐데…. 철은 어떻게 산소와 결합을 하고 어떻게 분리가 되는 거지?

산소는 아주 반응을 잘 하는 원소 중의 하나이자, 다른 원소들과 화학 반응을 하여 새로운 화합물을 만들지요. **산소를 얻는 화학 반**

응을 산화라고 하며, 반대로 산소를 잃는 화학 반응을 환원이라고 합니다. 산화와 환원은 언제나 동시에 일어나는 특징을 가지고 있죠.

산소와 함께 수소도 산화와 환원을 하는데, 수소를 얻으면 환원이고 수소를 잃으면 산화입니다. 다음은 구리가 공기 중의 산소와 결합하여 산화되고 산화구리(II)가 되는 반응과, 반대로 산화구리(II)가 수소와 반응하여 산소를 잃어버리고 다시 구리가 되는 반응을 나타낸 구리와 산화구리의 산화·환원 반응식입니다.

$$\overset{\overbrace{\qquad\text{산화}\qquad}\!\!\searrow}{2Cu(s) + O_2(g) \rightarrow 2CuO(s)}$$

$$CuO(s) + H_2(g) \rightarrow Cu(s) + H_2O(l)$$

이렇게 산소의 이동으로 인한 산화와 환원 반응의 예로는 연소 반응, 철의 부식과 제련 반응, 광합성과 호흡 등이 있습니다. 먼저 연소 반응이란 물질이 산소와 빠르게 반응하여 열과 빛을 내는 현상을 말하지요. 가장 대표적인 예로 천연가스(LNG)의 주성분인 메테인($CH_4$)이 연소되는 반응이 있으며, 화학 반응식은 다음과 같습니다.

$$CH_4(g) + 2O_2(g) \rightarrow CO_2(g) + 2H_2O(l)$$

철의 부식은 철이 산소와 물에 의하여 녹스는 현상이며, 일반적으로 철이 산화되어 산화철을 만드는 반응을 말하지요. 그럼 철의 제련 과정에 대해서도 알아볼까요? 용광로 속에 철광석($Fe_2O_3$)과 코크스 (C)를 넣고 공기를 넣어주면, 코크스가 산화되어 일산화탄소(CO)가 됩니다. 이 일산화탄소가 철광석과 반응하여 이산화탄소($CO_2$)로 산화되는 동시에 환원되면서 순수한 철(Fe)을 얻게 되는 것이죠. 다음은 철의 제련 과정인 탄소와 철광석의 산화 · 환원 반응식입니다.

$$2C(s) + O_2(g) \rightarrow 2CO(g)$$
$$Fe_2O_3(s) + 3CO(g) \rightarrow 2Fe(s) + 3CO_2(g)$$

광합성은 식물이 빛 에너지를 이용하여 이산화탄소($CO_2$)와 물 ($H_2O$)로부터 포도당($C_6H_{12}O_6$)과 산소($O_2$)를 만드는 반응을 말합니다. 이때 이산화탄소는 산소를 잃고 환원되어 포도당이 되고, 물은 수소($H_2$)를 잃고 산화되지요. 호흡은 광합성의 반대의 과정으로, 호흡 과정에서 나오는 에너지를 통해 생명체가 살아가게 됩니다. 마찬가지로 포도당은 산소를 얻어 산화되고, 산소는 수소를 얻고 환원이 되어 물이 되지요. 다음은 광합성과 호흡의 산화 · 환원 반응식을 나타낸 겁니다.

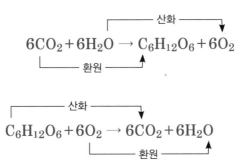

$$6CO_2 + 6H_2O \rightarrow C_6H_{12}O_6 + 6O_2$$

$$C_6H_{12}O_6 + 6O_2 \rightarrow 6CO_2 + 6H_2O$$

이처럼 산화와 환원은 산소의 이동으로 설명이 가능하며, 어느 경우가 산화이고 환원인지 명확하게 구분할 수 있도록 해야 합니다.

## 전자와 산화·환원 반응

**전자, 이렇게 반응시켜요!**

"친구들과 함께 박물관에 다녀왔어요. 박물관에서 신라 시대의 금관과 그 당시 입었던 갑옷이 전시된 걸 봤어요. 그런데 비슷한 시기에 만들어진 금관은 지금까지도 그대로인데, 갑옷은 녹이 심하게 슬어서 보기에 좋지 않더라구요."

박물관을 다녀온 후 성연이는 궁금한 점이 생겼지요.

어떻게 저렇게 다를 수가 있을까? 혹시 녹이 스는 것도 금속마다 다른가? 어차피 부식은 산소와 결합하고 전자가 이동하여 만들어진다고 알고 있는데….

우리는 앞에서 산소와의 반응을 통하여 산화와 환원을 구별했습니다. 이번에는 전자를 통하여 산화와 환원을 구분해 봅시다. 보통 **전자를 잃는 화학 반응은 산화**라고 하며, 반대로 **전자를 얻는 화학 반응을 환원**이라고 하지요. 마찬가지로 물질이 전자를 잃고 산화가 되면 다른 물질이 전자를 얻어 환원이 되어, 언제나 산화와 환원은 동시에 일어납니다.

구리(II) 이온이 들어 있는 용액에 아연(Zn)을 넣으면 아연은 전자를 잃고 산화되어 아연 이온이 되고, 구리 이온은 전자를 얻어 환원되어 구리(Cu)로 석출됩니다. 다음은 아연과 구리 이온의 산화·환원 반응식이에요.

$$\overset{\text{── 산화(전자 잃음) ──}}{Zn(s) + Cu^{2+}(aq)} \rightarrow \underset{\text{── 환원(전자 얻음) ──}}{Zn^{2+}(aq) + Cu(s)}$$

전자 이동에 의한 산화와 환원 반응의 예로는 금속의 반응과 비금속의 반응으로 크게 나눌 수 있습니다. 먼저 금속 반응의 경우에는 금속과 금속염의 반응이 있어요. 반응성이 큰 금속은 산화되어 양이온이 되고, 반응성이 작은 금속은 환원되어 석출되는 걸 말하죠. 여기에서는 금속의 반응성에 대해 알고 있어야 합니다. 금속의 반응성이란, 금속이 전자를 잃고 양이온이 되려는 경향을 말하는 것으로 반응성이 클수록 산화되어 양이온이 되기 쉽지요. 다음은 여러 가지 금속의 반응성과 그 의미를 나타낸 그림입니다.

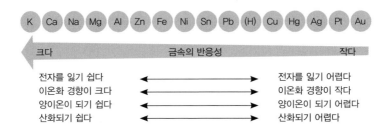

금속과 금속염의 반응의 예로 구리와 아연의 반응이 있어요. 만약 구리 이온에 들어 있는 용액에 아연을 넣으면 산화와 환원 반응이 일어나지만, 반대로 아연 이온이 들어 있는 용액에 구리 이온을 넣으면 아무런 반응이 일어나지 않습니다. 그 이유는 금속의 반응성 차이 때문인데, 아연이 구리보다 더욱 전자를 잘 내고 양이온이 되기 쉽기 때문이죠. 다음은 금속과 금속염의 산화·환원 반응식입니다.

$$\overset{\overbrace{\text{산화}}}{\underset{\underbrace{\text{환원}}}{Cu^{2+}(aq) + Zn(s) \rightarrow Cu(s) + Zn^{2+}(aq)}}$$

$$Zn^{2+}(aq) + Cu(s) \cancel{\rightarrow} \textbf{반응이 일어나지 않음}$$

또 다른 예로는 금속과 산의 반응이 있습니다. 이때 유의해야 할 점은 반드시 금속이 수소보다 반응성이 큰 금속이어야만 산화와 환원 반응이 일어나서 수소 기체가 발생한다는 거예요. 따라서 수소보다 반응성이 작은 구리나 은을 사용하면 아무런 반응이 일어나지 않습니다. 이처럼 산화와 환원은 전자의 이동으로 설명이 가능하며, 어느 경우가 산화이고 환원인지 명확하게 구분할 수 있도록 해야 하지요.

## 산화수와 산화·환원 반응

**산화수, 이렇게 반응시켜요!**
"어느 날 TV에서 VR 기기를 이용한 가상 현실에 대한 이야기를 봤어요. 가상 현실은 정말 신기한 게 너무 많더라구요!"
이때 시완이는 이런 생각을 하게 되었어요.

우리에게 가상 현실이 있는 것처럼 전하에도 가상적인 수치를 사용하는 게 있다고 배웠었지. 산화수라고 했던 것 같은데…. 과연 산화수란 무엇일까? 산화와 같은 의미일까?

우리는 앞에서 산소와 전자를 이용한 산화와 환원에 대하여 공부했습니다. 이번에는 좀 더 넓은 의미의 산화수를 이용하여 산화와 환원에 대하여 알아봅시다. 산화수란 어떤 물질에서 성분 원소의 원자가 산화되거나 환원된 정도를 나타낸 걸 말해요. 보통 산화수는 이온 결합 물질과 공유 결합 물질에서 설명하는 것이 서로 조금 다릅니다. 이온 결합 물질의 경우에는 각 이온의 전하가 곧 산화수를 의미하므로 어렵지 않지요. 하지만 공유 결합 물질의 경우에는 전기음성도가 큰 원자가 공유 전자쌍을 모두 가진다고 가정하여 각 구성 원자가 가지는 전하를 나타냅니다. 따라서 전자를 잃어버려 산화된 상태가 (+), 전자를 얻어 환원된 상태가 (−)가 되는 거죠. 예를 들어 물($H_2O$)의 경우 산소(O)가 수소(H)보다 전기음성도가 크므로 산소의 산화수는 −2이고 수소의 산화수는 +1이 됩니다.

이처럼 산화수에는 규칙이 따로 있습니다. 보통 여섯 가지로 나누는데, 첫 번째는 홑원소 물질의 경우로, 원자의 산화수는 0이라는 겁니다. 예를 들어 아연(Zn), 구리(Cu), 산소($O_2$) 등은 모두 산화수가 0이 됩니다.

두 번째로 1원자 이온에서 산화수는 그 이온의 전하와 같다는 거예요. 예를 들어 구리 이온($Cu^{2+}$)은 산화수가 +2이고, 염화 이온($Cl^-$)은 산화수가 −1이 됩니다.

세 번째는 화합물에서 각 원자의 산화수 총합은 0이 됩니다. 예를 들어 이산화탄소($CO_2$)의 경우 탄소의 산화수가 +4이고 산소의 산화수가 −2이므로 더하면 0이 됩니다.

네 번째는 다원자 이온에서 각 원자의 산화수 총합은 그 이온의 전하와 같다는 거예요. 예를 들어 질산 이온($NO_3^-$)은 질소의 산화수가 +5이고 산소의 산화수가 −2이니 더하면 −1이 되어 이온의 전하와 일치하는 겁니다.

다섯 번째는 화합물에서 대부분 수소의 산화수는 +1이지만 금속의 수소화물에서는 -1을 나타내기도 한다는 거예요. 예를 들어 물 (H2O)의 경우에는 산화수가 +1이지만 NaH의 경우에는 산화수가 -1이 됩니다.

여섯 번째는 화합물에서 대부분 산소의 산화수는 -2이지만, 과산화물에서는 -1이고, 플루오린(F)과 결합을 하는 경우에는 +2가 된다는 거예요. 예를 들어 이산화탄소(CO2)의 경우 -2이지만 과산화수소(H2O2)의 경우에는 -1, 이플루오린화산소(OF2)의 경우에는 플루오린의 전기음성도가 더 커서 +2가 됩니다.

여기에서 특이한 것은 산화수는 일정한 주기성을 나타낸다는 점이에요. 그 이유는 산화수가 전자 배치와 관련이 있기 때문입니다. 금속의 경우 산화수가 거의 정해지는데, 1족은 +1, 2족은 +2, 13족은 +3이 되지요. 비금속의 경우에는 결합하는 원자의 전기 음성도에 따라 여러 가지 산화수를 가질 수 있습니다. 하지만 유의할 부분은 각 원자가 나타낼 수 있는 가장 큰 산화수는 원자가 전자수와 같다는 거예요. 물론 여기에도 예외가 있는데, 플루오린(F)과 산소(O)처럼 주로 전기 음성도가 아주 큰 비금속들입니다. 다음은 여러 가지 원자들 중에서 원자 번호 1번에서 20번까지의 산화수를 나타낸 그림이에요.

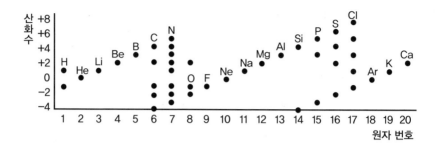

산화수로 산화와 환원을 구분해 보면, 산화수가 증가하는 반응을 산화라고 하고 산화수가 감소하는 반응을 환원이라고 합니다. 마찬가지로 한 원자의 산화수가 증가하면 다른 원자의 산화수가 감소하여 항상 동시에 산화와 환원 반응이 일어나지요. 예를 들어 질소($N_2$)와 수소($H_2$)가 반응하여 암모니아($NH_3$)가 되는 반응의 경우, 수소의 산화수는 증가하여 산화되고 질소의 산화수는 감소하여 환원됩니다. 다음은 산화수의 증가와 감소에 따른 산화·환원 반응식을 정리한 거예요.

$$\text{산화수 감소} \rightarrow \text{환원}$$

$$\overset{0}{N_2}(g) + 3\overset{0}{H_2}(g) \rightarrow 2\overset{-3\ +1}{NH_3}(g)$$

$$\text{산화수 증가} \rightarrow \text{산화}$$

산화수가 변하는 반응에서는 산화되는 물질이 증가한 산화수와, 환원되는 물질이 감소한 산화수는 언제나 같습니다. 또 화학 반응 전과 후에 산화수 변화가 없는 화학 반응의 경우에는 산화와 환원 반응이 아니지요. 가장 대표적인 예로는 산과 염기의 중화 반응과 앙금이 생성되는 반응이 있습니다. 이 반응들은 화학 반응에서 산화수가 변하지 않는 대표적인 반응이에요.

　산화와 환원에는 중요한 용어가 있는데, 바로 **산화제와 환원제**입니다. 산화제란 자신은 환원되면서 다른 물질을 산화시키는 물질이며, 환원제란 자신은 산화되면서 다른 물질을 환원시키는 물질을 말해요. 따라서 산화제와 환원제는 산화와 환원 반응에서 항상 존재하게 됩니다. 다음은 황화수소($H_2S$)와 이산화황($SO_2$)이 반응하여 물($H_2O$)과 황($S$)이 생성되는 반응의 예입니다. 이 반응에서 보면, 산화된 황화수소가 환원제이며 환원된 이산화황이 산화제가 되는 겁니다.

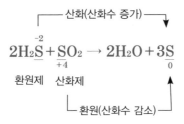

$$2H_2\underset{-2}{S} + \underset{+4}{S}O_2 \rightarrow 2H_2O + 3\underset{0}{S}$$

산화(산화수 증가)
환원제　산화제
환원(산화수 감소)

　여기에서 유의해야 할 점은, 같은 물질이라도 반응하는 물질에 따라 산화제가 되기도 하고 환원제가 되기도 한다는 것입니다. 앞에서 반응의 예로 언급한 이산화황($SO_2$)의 경우 산소($O_2$)와 반응하여 삼산화황($SO_3$)이 되는 경우에는 산화 반응이기 때문에 환원제이지만, 황화수소($H_2S$)와 반응하는 경우에는 환원되어 산화제가 되지요.

이처럼 산화와 환원 반응에서 산화수가 변하는 경우에는 명확하게 그 정의를 구분해야 하고, 이에 따른 산화제와 환원제가 되는 경우의 차이도 알아야 합니다.

## 산화·환원 반응의 양적 관계

산화와 환원 속에 숨겨진 비밀은?
"어느 날 엄마가 세탁기에서 빨래를 꺼내면서 이런 말을 하시더라고요. '간만에 부피가 큰 이불을 빨았더니 평상시에 넣는 세제의 양으로 부족했나 봐. 때가 잘 빠지지 않았네….'"
이때 상욱이는 이런 생각을 하게 되었어요.

빨래의 양에 따라 세제의 양을 다르게 하는 것처럼, 화학 반응에서도 필요한 반응물의 양을 쉽게 알아낼 수는 없을까?

우리는 앞에서 산화와 환원 반응은 한 물질이 산화되면 다른 물질은 환원되는 동시성이 있다고 배웠습니다. 다르게 말하면 산화 반응이 일어나며 잃는 전체 전자수와 환원 반응이 일어나며 얻는 전체 전자수가 같다는 거죠. 아울러 **산화와 환원 반응 전후에 증가한 산화수와 감소한 산화수가 항상 같게** 됩니다. 따라서 화학 반응에 관여한 모든 원자의 산화수 변화를 조사한 후, 증가한 산화수와 감소한 산화수를 같게 하고, 반응의 전과 후의 원자수가 같도록 맞추면 화학 반응식의 계수를 알아낼 수 있어요.

그렇다면 산화수의 변화를 이용하여 화학 반응식의 계수를 완성하는 경우를 생각해 봅시다. 다음은 $Sn^{2+}$(주석이온)와 $MnO_4^-$(과망가니즈산이온)의 산화 환원 반응식을 완성하는 예시입니다.

$$Sn^{2+} + MnO_4^- + H^+ \rightarrow Sn^{4+} + Mn^{2+} + H_2O$$

**[1단계] 각 원자의 산화수를 조사한다**

$$\underset{+2}{Sn^{2+}} + \underset{+7}{Mn}\underset{-2}{O_4^-} + H^+ \rightarrow \underset{+4}{Sn^{4+}} + \underset{+2}{Mn^{2+}} + \underset{+1}{H_2}\underset{-2}{O}$$

**[2단계] 각 원자의 산화수 변화를 조사한다**

산화수2 증가

$$\underset{+2}{Sn^{2+}} + \underset{+7}{MnO_4^-} + H^+ \rightarrow \underset{+4}{Sn^{4+}} + \underset{+2}{Mn^{2+}} + H_2O$$

산화수5 감소

**[3단계] 증가한 산화수와 감소한 산화수가 같도록 계수를 맞춘다**

산화수 2×5 증가

$$\underset{+2}{5Sn^{2+}} + \underset{+7}{2MnO_4^-} + H^+ \rightarrow \underset{+4}{5Sn^{4+}} + \underset{+2}{2Mn^{2+}} + H_2O$$

산화수 5×2 증가

**[4단계] 산화수가 변하지 않은 H와 O 등의 원자수가 같도록 계수를 맞춘다**

$$5Sn^{2+} + 2MnO_4^- + 16H^+ \rightarrow 5Sn^{4+} + 2Mn^{2+} + 8H_2O$$

위와 같이 화학 반응식을 완성한 후에 살펴보면, 증가한 산화수와 감소한 산화수가 같고 화학 반응 전과 후의 원자수도 변하지 않았다는 걸 확인할 수 있죠. 이렇게 산화 환원 반응식을 완성한 후에 반응식의 계수비가 반응에 관여하는 물질의 몰수비와 같다는 걸 이용하면 양적 관계를 알 수 있게 됩니다. 위의 산화 환원 반응식으로 살펴보면 $Sn^{2+}$와 $MnO_2^-$의 계수비가 5:2이므로 $Sn^{2+}$와 $MnO_2^-$의 반응 몰수비도 5:2로 같아진다는 걸 확인할 수 있지요. 이처럼 산화 환원 반응에는 특별한 양적 관계가 숨어 있답니다.

### • 산소와 산화 · 환원의 관계

화학 반응에서 산소를 얻는 반응을 산화라고 하며, 산소를 잃는 반응을 환원이라고 해요. 산소가 이동하는 산화와 환원 반응은 항상 동시에 일어나지요. 산소의 이동으로 인한 산화와 환원 반응의 예로는 연소 반응, 철의 부식과 제련 반응, 광합성과 호흡 등이 있어요.

### • 전자와 산화 · 환원의 관계

화학 반응에서 전자를 잃는 반응을 산화라고 하며, 전자를 얻는 반응을 환원이라고 해요. 전자가 이동하는 산화와 환원 반응은 항상 동시에 일어나지요. 전자의 이동에 의한 산화와 환원 반응은 모두 금속에서 일어나는 반응입니다. 금속은 반응성의 차이에 의하여 반응이 일어나는데, 반응성이 큰 물질이 반응해야 반응이 일어나요. 금속은 반응성이 큰 물질이 전자를 잃고 산화가 되며, 반응성이 작은 물질이 전자를 얻어 환원이 돼요.

**• 산화수와 산화·환원의 관계**

산화수란 어떤 물질에서 성분 원소의 원자가 산화되거나 환
원된 정도를 나타낸 것을 말해요. 산화수를 정하는 규칙은 여
섯가지가 있는데, 이에 따라 산화수를 정의하지요. 화학 반응
에서 산화수가 증가하는 반응이 산화이고, 산화수가 감소하
는 반응이 환원이지요. 산화제란 자신은 환원되면서 다른 물
질을 산화시키는 물질이며, 환원제란 자신은 산화되면서 다
른 물질을 환원시키는 물질을 말해요. 산화되는 물질은 환원
제이고 환원되는 물질은 산화제이므로 잘 구분해야 해요.

**• 산화·환원의 양적 관계는?**

산화·환원 반응에서 화학 반응에 관여한 모든 원자의 산화
수 변화를 조사한 후에 증가한 산화수와 감소한 산화수를 같
게 하고, 반응의 전과 후의 원자수가 같도록 맞추면 화학 반
응식의 계수를 알아낼 수 있지요.

# 화학 반응과 열

## 발열 반응과 흡열 반응

**열이 들어갔다가 나갔다가?**

"어느 날 감기가 심하게 드는 바람에 열이 내렸다가 올라갔다 해서 힘들었어요. 다행히 다음 날에는 열도 떨어지고 증상도 좋아졌어요."

그때 선영이는 이런 생각을 했어요.

감기 때문에 열이 변하는 것처럼 화학 반응에서도 열에 의하여 온도가 높아지는 반응과 내려가는 반응이 있다고 들었어. 열에 의하여 온도가 변하는 건 과연 어떤 화학 반응일까?

앞서 다양한 종류의 화학 반응에 대하여 공부했습니다. 이렇게 주변에서 일어나는 화학 반응의 경우에는 대부분 열을 흡수하거나 방출하게 되지요. 보통 화학 반응에서 **열을 방출하는 반응을 발열 반**

응이라고 하고, **열을 흡수하는 반응을 흡열 반응**이라고 합니다. 두 반응을 좀 더 자세하게 비교해 봅시다.

먼저 발열 반응의 경우에는 생성물이 가지는 에너지의 총합이 반응물이 가지는 에너지의 총합보다 작아서 에너지 차이만큼 주변으로 열을 방출하게 되는 겁니다. 그래서 발열 반응이 일어나면 주변의 온도가 높아지는 걸 확인할 수 있습니다. 발열 반응이 일어나는 대표적인 화학 반응에는 연소 반응, 산과 염기의 중화 반응, 금속과 산의 반응, 금속의 산화 반응, 산의 용해 반응 등이 있지요. 다음은 발열 반응의 한 예인 메테인($CH_4$)의 연소 반응입니다.

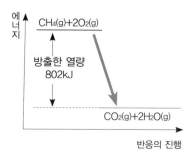

반면에 흡열 반응의 경우에는 생성물이 가진 에너지의 총합이 반응물이 가진 에너지의 총합보다 커서 에너지의 차이만큼 주변에서 열을 흡수하게 됩니다. 그 결과 주변의 온도가 낮아지게 되는 거죠. 흡열 반응이 일어나는 대표적인 예로는 광합성, 질산암모늄의 용해 반응, 열분해 반응, 물의 전기 분해 등이 있습니다. 다음은 흡열 반응의 한 예인 질소($N_2$)의 연소 반응입니다.

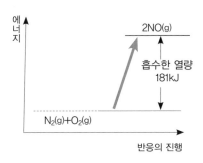

그렇다면 이러한 발열 반응과 흡열 반응을 생활 속에 이용한 예로는 무엇이 있을까요? 발열 반응의 경우에는 첫 번째로 음식을 데울 때 이용하는 조리용 발열 팩이 있어요. 팩 속에는 산화칼슘과 물이 들어 있어 반응하면서 열이 발생하고, 이 열을 이용하여 음식물을 데울 수 있습니다. 두 번째로 휴대용 손난로가 있는데, 철가루가 산화하면서 방출되는 열을 이용하여 온도를 높이는 원리죠. 세 번째는 겨울철 도로에 사용하는 제설제예요, 제설제로 사용하는 염화칼슘을 눈에 뿌리면 용해되면서 열을 방출하게 됩니다.

흡열 반응의 경우에는 첫 번째로 냉각 팩이 있는데, 질산암모늄과 물이 반응하면 열을 흡수하여 온도가 낮아지는 원리를 이용하지요. 두 번째, 냉장고와 에어컨의 경우에는 냉매가 기화되는 과정에서 열을 흡수하는 원리가 적용되어 주위의 온도가 내려가게 됩니다.

이처럼 우리 주변에는 열의 출입이 있는 발열 반응과 흡열 반응이 일어나는 다양한 종류의 화학 반응이 있답니다.

# 출입하는 열의 측정

**열, 넌 어떻게 측정하니?**

"어느 날 TV 과학 다큐멘터리에서 과자를 이용하여 라면을 끓이는 걸 봤어요. 과자를 마치 연료처럼 사용하여 물을 끓인 후 라면을 넣어 조리하는 것이지요. 우와! 정말 신기한 거 아닌가요? 우리가 먹은 과자가 연료로 사용될 수도 있다니…!"

이렇게 TV 프로그램을 보고 난 후 원선이는 궁금한 점이 생겼죠.

과자가 그렇게 높은 열을 낼 수 있다니? 그렇다면 열은 과연 어떻게 생기는 것이고 어떤 방법으로 측정이 가능할까?

우리는 앞에서 열이 발생하는 반응과 흡수되는 반응에 대하여 공부했습니다. 그렇다면 출입하는 열은 어떻게 측정하는 걸까요? 열을 알기 전에 먼저 기본적인 용어를 알아야 하는데, 바로 **비열과 열용량**입니다. 비열은 어떤 물질 1g의 온도를 1℃ 높이는 데 필요한 열량을 말하며, 비열이 크다는 의미는 온도를 높일 때 많은 열이 필요하다는 뜻이 돼요. 보통 비열은 소문자 $c$로 나타내며, 단위는 $J/g \cdot ℃$입니다. 아울러 물질의 종류가 같으면 비열도 같으며, 대표적인 물질인 물의 비열은 $4.2J/g \cdot ℃$이지요.

열용량은 어떤 물질의 온도를 1℃ 높이는 데 필요한 열량을 말합니다. 열용량은 물질의 종류가 같더라도 질량이 큰 물질일수록 열용량이 커지는 특징이 있지요. 예를 들어 물 100g의 열용량이 물 10g의 열용량보다 더 큽니다. 보통 열용량은 대문자 C로 표시하며, 단위는 J/℃를 사용하므로 비열과는 다르지요. 일반적으로 열용량은 비열(c)×질량(m)으로 계산해요.

그렇다면 다시 처음으로 돌아가, 화학 반응이 일어날 때 출입하는 열량의 측정은 어떻게 할까요? 보통 화학 반응 시 출입하는 열은 물질의 온도를 변화시키므로 물질의 비열(c)에 질량(m)과 온도 변화($\Delta T$)를 곱하여 구합니다. 다음은 열량을 구하는 식이에요.

$$\text{열량}(Q) = \text{비열}(c) \times \text{질량}(m) \times \text{온도 변화}(\mathit{\Delta} T)$$
$$\text{(단위 J)}$$

일반적으로 화학 반응에서 출입하는 열을 측정하는 장치로는 열량계가 있으며 종류에는 **간이 열량계와 통 열량계**가 있습니다. 다음은 두 가지 열량계의 구조예요.

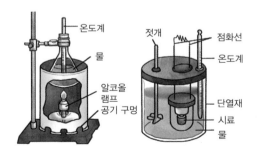

**간이 열량계와 통 열량계**

간이 열량계는 온도계, 젓개, 물, 스타이로폼 컵으로 구성되어 있으며, 보통 열 손실이 있어서 정밀한 실험에는 사용하지 않는 것이 좋아요. 또, 뚜껑이 느슨하게 되어 있어서 기체가 발생하는 실험에도 사용해서는 안 됩니다. 간이 열량계는 중화 반응이나 용해 반응에서 출입하는 열량을 측정할 때 주로 사용해요.

간이 열량계를 이용하여 열량을 측정하는 실험을 할 때는 다음과 같은 사항을 알고 있어야 합니다. 화학 반응에서 출입하는 열이 모두 열량계 내의 물의 온도 변화에 이용된다고 가정을 해야 하지요. 아울러 물의 비열, 질량, 온도 변화를 모두 알고 있어야 열량을 구할 수 있습니다. 따라서 구하고자 하는 열량은 다음과 같은 식으로 정리할 수 있지요.

**발생한 열량(Q): 물이 흡수한 열량**

**발생한 열량(Q)$= c_물 \times m_물 \times \varDelta t_물$**

통 열량계의 경우에는 시료가 반응하는 용기인 통을 별도로 두어, 그곳에서 반응하게 합니다. 통 열량계의 경우 열 손실이 거의 없으므로 화학 반응에서 출입하는 열량을 정밀하게 측정할 수 있으며, 통이 매우 단단한 강철 용기로 되어 있어 생성물이 외부로 빠져나가지 못하지요. 주로 연소 반응에서 출입하는 열량을 측정할 때 사용합니다.

통 열량계를 이용한 열량 측정의 경우에는 화학 반응에서 출입하는 열이 모두 열량계와 열량계 내의 물의 온도 변화에 이용된다고 가정해야 합니다. 아울러 물의 비열, 물의 질량, 통 열량계의 열용량과 각각의 온도 변화를 알아야 하지요. 따라서 열량을 구하고자 한다면 다음과 같은 식으로 정리할 수 있습니다.

**발생한 열량(Q): 물이 흡수한 열량+통이 흡수한 열량**

$$발생한\ 열량(Q) = c_물 \times m_물 \times \varDelta t_물 + C_{용기} \times \varDelta t_물$$

이와 같이 화학 반응에서 열을 측정할 때는 주로 열량계를 이용하며, 반응의 종류에 따라서 선택되는 열량계가 다르다는 걸 알고 있어야 한답니다.

• 발열 반응과 흡열 반응은?

발열 반응은 생성물이 가지는 에너지의 총합이 반응물이 가지는 에너지의 총합보다 작아서 에너지 차이만큼 주변으로 열을 방출하는 거예요. 이런 이유로 발열 반응이 일어나면 주변의 온도가 높아지는 것을 확인할 수 있죠. 흡열 반응은 생성물이 가진 에너지의 총합이 반응물이 가진 에너지의 총합보다 커서 에너지의 차이만큼 주변에서 열을 흡수하게 되지요. 그 결과 주변의 온도가 낮아지게 돼요.

• 출입하는 열의 측정은?

화학 반응이 일어날 때 출입하는 열은 물질의 온도를 변화시키므로 물질의 비열($c$)에 질량($m$)과 온도 변화($\Delta T$)를 곱하여 구해요. 화학 반응에서 출입하는 열을 측정하는 장치로는 열량계가 있으며 종류에는 간이 열량계와 통 열량계가 있어요.

01 다음은 철과 관련된 반응의 화학 반응식이다.

〈보기〉

(가) $Fe+Cu^{2+} \rightarrow Fe^{2+}+Cu$

(나) $Fe_2O_3+3CO \rightarrow 2Fe+3CO_2$

(다) $4Fe(OH)_2+O_2+2H_2O \rightarrow 4Fe(OH)_3$

이에 대한 설명으로 옳은 것만을 〈보기〉에서 있는 대로 고른 것은?

〈보기〉

ㄱ. (가)에서 Fe는 산화된다.

ㄴ. (나)에서 CO는 환원제이다.

ㄷ. (다)에서 $H_2O$는 환원된다.

① ㄱ   ② ㄷ   ③ ㄱ, ㄴ   ④ ㄴ, ㄷ   ⑤ ㄱ, ㄴ, ㄷ

02 다음 그림은 메탄올의 연소열(kJ/g)을 측정하기 위해 설치한 간이 열량계이다.

온도계

물

알코올 램프

공기 구멍

이 열량계를 이용하여 연소열을 측정할 때, 미리 알고 있거나 가정하고 있어야 하는 사실을 〈보기〉에서 모두 고르면?

─〈보기〉─

ㄱ. 물의 비열을 알고 있다.

ㄴ. 메탄올의 비열을 알고 있다.

ㄷ. 가열하는 동안 물은 증발하지 않는다.

ㄹ. 연료가 연소할 때 발생한 열은 공기 중으로 달아나지 않는다.

① ㄱ, ㄴ　　② ㄱ, ㄷ　　③ ㄷ, ㄹ　　④ ㄱ, ㄴ, ㄹ　　⑤ ㄱ, ㄷ, ㄹ

• 정답 및 해설 •

**1. 산화수가 증가하면 산화이고, 산화수가 감소하면 환원입니다. 자신이 산화하면서 다른 물질을 환원시키면 환원제, 자신이 환원하면서 다른 물질을 산화시키면 산화제입니다. 이를 알고 문제를 풀어야 합니다.**

ㄱ. (가)에서 Fe는 산화수가 0에서 +2로 증가하므로 산화된 것입니다. **따라서 맞는 보기입니다.**

ㄴ. (나)의 $CO$의 C는 산화수가 +2이고 $CO_2$에서 C의 산화수는 +4이므로 산화수가 증가했으므로 산화되었습니다. 따라서 환원제입니다. **따라서 맞는 보기입니다.**

ㄷ. (다)에서 H의 산화수는 +1, O의 산화수는 -2로 반응 전과 후의 산화수의 변화가 없습니다. 따라서 산화와 환원 반응이 아닙니다. **따라서 틀린 보기입니다.**

∴ **정답은 ③입니다.**

## 2. 열량을 구하는 식을 미리 알고 이를 해석할 수 있어야 합니다.

ㄱ. 물의 비열을 알고 있어야 메탄의 연소열을 구할 수 있습니다(연소열= 물질의 비열×물의 질량×물의 온도 변화). **따라서 맞는 보기입니다.**

ㄴ. 메탄올의 비열을 알고 있지 않아도 됩니다. **따라서 틀린 보기입니다.**

ㄷ. 가열하는 동안 물이 증발하지 않아야 합니다. **따라서 맞는 보기입니다.**

ㄹ. 연료가 연소할 때 발생한 열은 공기 중에 달아나지 않고 물을 데우는 데에만 사용된다고 가정합니다. **따라서 맞는 보기입니다.**

∴ **정답은 ⑤입니다.**

## 반응성과 무관한 금속은?

우리는 금속의 반응성에 대해 공부했습니다. 반응성이 큰 금속은 어떻게든 보호가 필요한 것도 배웠지요. 그렇다면 반응성과 상관없는 금속이 있을까요?

대표적으로 금(Au)이 있습니다. 금은 반응성이 아주 작아 대부분 순수한 상태의 물질로 존재하고, 귀금속으로 사용해 왔어요. 금은 반응성의 영향이 거의 없어 부식이 일어나지 않으므로 오래전에 만든 장식품들이 지금까지 보존될 수 있었죠.

또 다른 금속은 백금(Pt)입니다. 백금도 금과 마찬가지로 반응성이 아주 작은 금속이라 부식이 잘 일어나지 않아요. 이러한 성질 때문에 주로 여러 가지 반응의 촉매로 사용되고 있죠. 촉매란 화학 반응의 전과 후에 변하지 않고 반응을 도와주는 물질을 말해요.

마지막으로 은(Ag)이 있습니다. 은 역시 반응성이 작아 잘 부식되지 않아 금처럼 귀금속으로 사용되었습니다. 은은 전기를 잘 전도하는 특성도 가지고 있지만, 전기 제품에 이용하기에는 너무 비싸요.

이렇듯 반응성이 작은 금속들은 그 성질을 이용하여 다양한 분야에 이용됩니다. 금속의 반응성, 알면 알수록 참 재밌지 않나요?

한 번만 읽으면 확 잡히는
**고등 화학**

2021년 4월 5일 1판 1쇄 펴냄
2023년 5월 20일 1판 2쇄

**지은이** 배준우
**펴낸이** 김철종

**펴낸곳** (주)한언
**등록번호** 1983년 9월 30일 제1-128호
**주소** 서울시 종로구 삼일대로 453(경운동) 2층
**전화번호** 02)701-6911 **팩스번호** 02)701-4449
**전자우편** haneon@haneon.com **홈페이지** www.haneon.com

ISBN 978-89-5596-905-4 44400
ISBN 978-89-5596-904-7 세트

# 한언의 사명선언문

Since 3<sup>rd</sup> day of January, 1998

Our Mission – 우리는 새로운 지식을 창출, 전파하여 전 인류가 이를 공유케 함으로써 인류 문화의 발전과 행복에 이바지한다.

– 우리는 끊임없이 학습하는 조직으로서 자신과 조직의 발전을 위해 쉼 없이 노력하며, 궁극적으로는 세계적 콘텐츠 그룹을 지향한다.

– 우리는 정신적·물질적으로 최고 수준의 복지를 실현하기 위해 노력하며, 명실공히 초일류 사원들의 집합체로서 부끄럼 없이 행동한다.

Our Vision 한언은 콘텐츠 기업의 선도적 성공 모델이 된다.

저희 한언인들은 위와 같은 사명을 항상 가슴속에 간직하고
좋은 책을 만들기 위해 최선을 다하고 있습니다.
독자 여러분의 아낌없는 충고와 격려를 부탁드립니다.
· 한언 가족 ·

## HanEon's Mission statement

Our Mission – We create and broadcast new knowledge for the advancement and happiness of the whole human race.

– We do our best to improve ourselves and the organization, with the ultimate goal of striving to be the best content group in the world.

– We try to realize the highest quality of welfare system in both mental and physical ways and we behave in a manner that reflects our mission as proud members of HanEon Community.

Our Vision HanEon will be the leading Success Model of the content group.